ZEITSCHRIFT FÜR ANGEWANDTE GEOLOGIE

HERAUSGEGEBEN VOM

ZENTRALEN GEOLOGISCHEN INSTITUT

IM AUFTRAG DES

STAATSSEKRETARIATS FÜR GEOLOGIE

AUS DEM INHALT

AKADEMIE-VERLAG · BERLIN

BAND 17/HEFT 6
JUNI 1971
SEITE 209–256

PREIS: 6,– M
Sonderpreis DDR: 2,– M

Die ZEITSCHRIFT FÜR ANGEWANDTE GEOLOGIE berichtet ständig über folgende Arbeitsgebiete: Geologische Grundlagenforschung und Lagerstättenforschung / Methodik der geologischen Erkundung / Ökonomie und Planung der geologischen Erkundung / Technik der geologischen Erkundung / Geologie und Lagerstättenkunde im Ausland. In der Zeitschrift können alle strittigen Fragen der praktischen Geologie behandelt werden. Die Autoren übernehmen für ihre Aufsätze die übliche Verantwortung.

ZEITSCHRIFT FÜR ANGEWANDTE GEOLOGIE

Träger der Ehrennadel in Gold der Gesellschaft für Deutsch-Sowjetische Freundschaft

BAND 17 · JUNI 1971 · HEFT 6

Die Geologie und der wissenschaftlich-technische Fortschritt

A. W. SIDORENKO, Moskau

In unserer Zeit entfaltet sich in nie gesehenem Maßstab und Tempo die wissenschaftlich-technische Revolution. In allen Zweigen der Volkswirtschaft ruft sie eine echte Umwälzung hervor, eröffnet neue Perspektiven zur Vervollkommnung der Leitung der Produktion und der Arbeitsorganisation. In diesem Zusammenhang ist es zweckmäßig, sich den Platz, die Rolle und die Bedeutung der wissenschaftlich-technischen Revolution in der Geologie und ihrer Suchobjekte klarzumachen — dem mineralischen Rohstoff, der eine der Hauptvoraussetzungen für die Entwicklung der Ökonomik des Landes ist, und die Rückwirkung der wissenschaftlich-technischen Revolution auf die Geologie und ihre Aufgaben.

Versuchen wir, einige Aspekte dieses Themas zu betrachten, vordringlich den Hauptaspekt — die Versorgung der Volkswirtschaft mit mineralischem Rohstoff.

Bei den hohen Entwicklungstempi der Industrie und Landwirtschaft wächst der Bedarf an mineralischen Rohstoffen ständig — absolut ebenso wie relativ. Der Weltverbrauch an mineralischen Rohstoffen hat in den Nachkriegsjahren den Bevölkerungszuwachs spürbar überflügelt. So hat sich die Weltbevölkerung von 1946 bis 1968 etwa um 40% vermehrt, die Kohlen- und Eisenerzförderung dagegen mehr als ums Dreifache; die Bauxitförderung über das Neunfache; die Erdöl-, Erdgas-, Phosphat- und Kalisalzförderung etwa um das Fünffache; Kupfer, Blei, Zink und Zinn etwa ums Doppelte. Das Tempo der Fördersteigerung war bei vielen mineralischen Rohstoffarten im letzten Jahrzehnt 1,5- bis 2mal größer als im vorangegangenen. Auch in der Zukunft wird sich der Rohstoffbedarf schneller als der Bevölkerungszuwachs vergrößern. Deshalb bleibt eine der wichtigsten Aufgaben des geologischen Dienstes, einen Zuwachsvorlauf an erkundeten Vorräten nutzbarer Bodenschätze für die Bedürfnisse der Volkswirtschaft zu schaffen. Beiläufig möchten wir bemerken, daß die sowjetischen Geologen die Industrie stets rechtzeitig mit erkundeten Vorräten versorgt haben. Die mineralische Rohstoffbasis hat niemals den ökonomischen Fortschritt und das schnelle Industrialisierungstempo des Landes aufgehalten. Doch auch gegenwärtig ist die weitere allseitige Entwicklung der geologischen Erkundungsarbeiten, der geologischen Wissenschaft und der geologischen Dienste notwendig, ihre Vervollkommnung und die Verstärkung ihrer technischen Produktionsbasen in den geologischen Organisationen.

Unter den Bedingungen der wissenschaftlich-technischen Revolution wird die Deckung des Bedarfs an mineralischen Rohstoffen zu einer immer schwierigeren Aufgabe in Verbindung damit, daß in der Welt nicht nur eine Vergrößerung des Umfangs der industriellen Produktion vor sich geht, sondern auch eine unaufhaltsame Erweiterung der Nutzungssphären der traditionellen mineralischen Rohstoffarten. Es entstehen neue Industriezweige, die für ihre Entwicklung neue Rohstoffquellen erfordern. Es tauchen neue Rohstoffarten auf, die früher unbekannt waren, es ändert sich die Struktur ihres Verbrauchs.

Bringen wir einige Beispiele: Die wichtigste Aufgabe der Wirtschaft aller Länder ist die Versorgung mit energetischen Ressourcen. Im Laufe vieler Jahre ist überall eine stürmische Entwicklung der Erdöl- und Erdgasförderung festzustellen, wobei sich das Niveau der Kohleförderung auf gleicher Höhe hält oder etwas wächst. Erdöl verdrängt in der Industrie, in der Schiffahrt und im Eisenbahntransportwesen die Kohle. Es wächst die Nutzung des Erdgases. Seine Einbeziehung in die Energiebilanz der UdSSR hat einen ungeheuren ökonomischen Effekt gebracht, den technischen Fortschritt in der Energiewirtschaft, der Metallurgie und anderen Zweigen der Volkswirtschaft gefördert.

1970 beträgt der Anteil der Erdölprodukte an der allgemeinen Energieproduktion der Welt etwa 45%, des Erdgases 20%, der Kohle 25%, der Hydroenergie und Atomenergie zusammen ungefähr 10%. Gleichzeitig setzt sich die breite Nutzung der Kohle zur Produktion von Elektroenergie fort, besteht die Tendenz zu ihrer Verarbeitung in flüssigen und gasförmigen Brennstoff.

Bis vor kurzem wurde Erdöl lediglich als Brennstoff und chemischer Rohstoff genutzt. In den letzten Jahren hat sich die Sphäre seiner Anwendung bedeutend erweitert. Es dient als Ausgangsrohstoff für die Gewinnung von Vanadin, für die Produktion von Erdölpech und sogar von Protein und synthetischem Eiweiß (mittels Fermentation). Das hat ungeheure Bedeutung für die Entwicklung der mikrobiologischen Industrie und die Schaffung künstlicher Futtermittel für die Viehwirtschaft.

Brennbare Erdgase werden nicht nur zum Rohstoff für die Energetik, sondern auch für die Produktion von mineralischen Düngemitteln und in den letzten Jahren

---

Aus: „Nachrichten der Akademie der Wissenschaften der UdSSR", H. 10 (1970).

zu einer mächtigen Quelle billigen Elementarschwefels, der als Beiprodukt bei der Reinigung des geförderten Erdgases erhalten wird. Die Orenburger und Urtabulaker Erdgaslagerstätten werden bald in der UdSSR zu bedeutenden Lieferanten von Elementarschwefel.

In mäßigem Tempo wächst die Förderung an Eisen-, Wolfram-, Manganerz und Chromiten, gleichzeitig nimmt jedoch die Produktion von Molybdän, Vanadin, Kobalt und Nickel schnell zu, was mit der Entwicklung der Spezial-(Qualitäts-)Metallurgie in Verbindung steht, sowie mit dem Entstehen neuer Anwendungsgebiete dieser Metalle.

Die Nutzung von Aluminium im Bauwesen und dem Transportmaschinenbau, in der Elektrotechnik und anderen Zweigen der Industrie bedingte eine Produktionserhöhung, die in den letzten Jahren in der Welt das Neunfache ausmachte. Das Wachstumstempo der Aluminiumproduktion hat in den Nachkriegsjahren 4- bis 6mal das Wachstumstempo der Verhüttung anderer Buntmetalle übertroffen.

Als Folge einer schroff angewachsenen Nachfrage nach Bauxitrohstoffen wurden die geologischen Erkundungsarbeiten breit entfaltet und neue große Lagerstätten hochwertiger Bauxite in Australien, Afrika, Zentral- und Südamerika entdeckt. Die schnelle Entwicklung der Aluminiumindustrie erfordert nicht nur die Vergrößerung der erkundeten Bauxitvorräte, sondern auch die Einbeziehung neuer Rohstoffarten in die Produktion: der Nepheline, Kianit, Alunite. Uns scheint, daß bei der Entwicklung der Aluminiumindustrie einer Reihe von Ländern, die über keine hochwertigen Bauxite verfügen, die Zukunft den Nephelinen gehört, die für die Produktion von Tonerde, von Sodaprodukten, Zement, hochwertigem Glas und für die Gewinnung einiger seltener Elemente ein komplexer Rohstoff sind.

In Verbindung mit dem Fortschritt der Atom-, Raketen- und kosmischen Technik, dem Maschinenbau und der Kommunikationsmittel in den letzten 20 Jahren schließlich wächst ständig der Verbrauch mineralischen Rohstoffs, der Uran, Beryllium, Zirkon, Lithium, Cäsium, Rubidium, Tantal, Niob, Seltene Erden und disperse Elemente enthält.

Die wissenschaftlich-technische Revolution trägt in unsere Vorstellungen über den mineralischen Rohstoff grundlegende Veränderungen. Sie macht die Erweiterung seines Sortiments erforderlich und stellt den Geologen prinzipiell neue Aufgaben. Alle chemischen Elemente, die der Menschheit bekannt sind, haben praktisch oder erhalten in der nächsten Zeit Anwendung in der wirtschaftlichen Tätigkeit. Daraus ergibt sich die Notwendigkeit, erkundete Ressourcen aller chemischen Elemente zu schaffen, der traditionellen und neuen Rohstoffarten nicht nur für die Gegenwart, sondern auch für eine entferntere Zeit.

Die Geologen haben in der Vergangenheit die summaren Vorräte in der Welt für die breit genutzten Arten mineralischer Rohstoffe berechnet, um die Versorgung der Menschheit mit Kohle, Erdöl und Eisen für die Zukunft zu klären. Später haben die Geochemiker die mittleren (CLARKE-) Werte aller chemischen Elemente in der Erdrinde berechnet und präzisieren sie gegenwärtig. Es ist die Zeit gekommen, um prognostische Einschätzungen der Vorräte aller mineralischen Rohstoffe bis zu einer ökonomisch vorteilhaften und technisch erreichbaren Teufe zu geben, aller Typen der industriellen Konzentration chemischer Elemente und natürlicher Verbindungen in Form von Mineralen und Gesteinen.

Die wissenschaftliche Bedarfsprognose für mineralischen Rohstoff in Übereinstimmung mit dem schnellen Wachstumstempo der Industrie und die rechtzeitige Vorbereitung von Flächen für die Suche von Rohstoffen, die Entdeckung von Lagerstätten und ihre Erkundung — das sind lebensnotwendige Aufgaben, die ihre schnellste Lösung erfordern. Die wissenschaftlichen Arbeiten auf dieser Ebene müssen das notwendige Ausmaß erhalten.

In den letzten Jahren beschäftigt die Gelehrten und Produktionspraktiker die Bestimmung des Entwicklungsniveaus der Produktion und des Bedarfs an natürlichen Ressourcen, ihrer materiellen Grundlage, für das Jahr 2000. In vielen Ländern sind spezielle Kommissionen und wissenschaftliche Einrichtungen mit der Ausarbeitung dieses Problems beschäftigt. Es werden Konferenzen, Versammlungen und Symposien durchgeführt, es wird Literatur herausgegeben. Wie sieht die materiell-technische Basis der Gesellschaft im Jahre 2000 aus? Welches Niveau erreicht die Produktion? Reichen die natürlichen Ressourcen? Das sind keine müßigen Fragen. Antworten auf sie sind lebensnotwendig, besonders für die sozialistischen Länder, in denen die Entwicklung der Volkswirtschaft im staatlichen Maßstab geplant wird.

In Verbindung mit der Aufgabe, ungeheure Mengen an Vorräten mineralischer Rohstoffe vorzubereiten, sind die Fragen ihrer komplexen Nutzung, der Verringerung der Verluste bei der Förderung und Verarbeitung besonders brennend. Komplexe Erze können bei vollständigem Ausbringen all ihrer Nebenkomponenten, z. B. Gold, Silber, disperser Komponenten und anderer Metalle, zu einer soliden zusätzlichen Quelle für Rohstoffe werden, nach den Vorräten durchaus vergleichbar mit den sogenannten „monomineralischen" Lagerstätten. Die Lösung dieser Fragen erfordert die Anwendung technisch moderner und ökonomisch rentabler Methoden der technologischen Verarbeitung von Erzen, die Schaffung derartiger Methoden in den entsprechenden Industriezweigen.

Es ist allgemein bekannt, daß die Verluste an nutzbaren Bodenschätzen bei der Gewinnung sowie bei der Verarbeitung der Erze sehr groß sind und zuweilen 30 bis 50% der in situ erkundeten Vorräte ausmachen. Die Verringerung dieser Verluste, ihre Reduzierung auf ein Minimum, ist eine der vordringlichsten Aufgaben, die durch die Schaffung und Einführung vollkommenerer Systeme des Lagerstättenabbaus, der Aufbereitungsschemata der Erze und der Technologie der Konzentratverarbeitung gelöst werden kann, d. i. durch die Beschleunigung des wissenschaftlich-technischen Fortschritts auf diesen Gebieten.

Der wachsende Bedarf an mineralischem Rohstoff macht Veränderungen in unseren Vorstellungen über die Rohstoffarten erforderlich. Viele von ihnen, die bisher nicht als nutzbare Bodenschätze angesehen wurden, werden zu wertvollstem Erz. Es genügt ein Beispiel anzuführen: Einige Sandarten, die Rutil und Ilmenit enthalten, verwandelten sich in unseren Tagen in den wichtigsten Titan-Zirkon-Rohstoff.

In den letzten Jahren haben sich die Vorstellungen über die industriellen Lagerstättentypen für viele nutzbare Bodenschätze, über die geologischen Potenzen des Bodens und die geologischen Bedingungen, unter denen solche nutzbaren Bodenschätze aufgefunden werden können, wesentlich verändert. Das ist besonders gut am Beispiel des Urans zu sehen, dessen Verbrauch in Verbindung mit der Entwicklung der Atomindustrie in der Nachkriegsperiode in schnellem Tempo gewachsen ist.

In den 40er Jahren waren in der Welt nur kleine Uranlagerstätten der BiCoNi-Formation im Erzgebirge (DDR) und in Nordkanada bekannt sowie der vanadiumführende Sandstein des Coloradoplateaus und kleine Urankonzentrationen in Pegmatiten. Gegenwärtig sind viele früher unbekannte industrielle Lagerstättentypen des Urans mit kolossalen Vorräten an reichem Uran entdeckt worden. Unter ihnen die präkambrischen goldführenden Konglomerate mit Uran und Thorium, die uranführenden Sandsteine mit organischem Material, Gang- und Stockwerklagerstätten, die mit den präkambrischen Formationen verbunden sind. Entdeckt und erkundet wurden große Lagerstätten in paläovulkanischen Gebieten, in terrigenen und kohleführenden Plattform-Formationen. Das breite Ausmaß der geologischen Erkundungsarbeiten sowie der wissenschaftlichen Forschungen sicherte den Erfolg der Suche und Erkundung von Uranlagerstätten, veränderte grundlegend die Vorstellungen über die Rohstoffquellen des Urans, entdeckte praktisch unbegrenzte Möglichkeiten für die Atomenergiewirtschaft.

Der wachsende Bedarf an mineralrohstofflichen Ressourcen, durch den wissenschaftlich-technischen Fortschritt in der Industrie bestimmt, stellt den Geologen schwierige Aufgaben auch hinsichtlich der technologischen Untersuchung des mineralogischen Rohstoffs. Neue Erzarten erfordern neue technologische Verfahren der Aufbereitung und des Ausbringens der nutzbaren Komponenten. Zur Schaffung solcher Verfahren ist es notwendig, die vereinigten Anstrengungen der Geologen, Mineralogen, Geochemiker und Technologen auf die Lösung der Verarbeitungsfragen des Rohstoffs zu konzentrieren. Seine „technologische Erkundung" wurde zum Bestandteil der geologischen Erkundungsarbeiten und muß allseitig entwickelt werden. Neue Rohstoffarten dürfen nicht ohne technologische Forschungen geschaffen werden. Initiatoren der Schaffung neuer Rohstoffe waren die Geologen und werden es bleiben, da sie gewöhnlich den Mineralbestand besser kennen als die Verbraucher. Daraus leitet sich die Aufgabe ab, die Basis für technologische Forschungen neuer mineralischer Rohstoffarten zu verbessern.

Die modernen geologischen Sucharbeiten sind keine Sucharbeiten mit dem Hammer, sondern komplizierte und teure wissenschaftlich-technische Arbeiten. Das schnelle Bedarfswachstum an mineralischem Rohstoff, die Erschwernisse der Suche und Erkundung in tiefliegenden Schichten verteuern sie zusätzlich. Die Erhöhung der Arbeitsproduktivität des Geologen, der Effektivität der geologischen Erkundungsarbeiten bei Senkung ihrer Kosten wurden daher zu einer Tagesaufgabe des wissenschaftlich-technischen Fortschritts in der Geologie.

Hauptfaktor der Effektivitätserhöhung der geologischen Erkundungsarbeiten ist die wissenschaftlich begründete Auswahl der Bezirke und Objekte für die Suche und Erkundung. Doch die Suche nur in den am aussichtsreichsten Bezirken führen, ökonomisch rentable Lagerstätten erkunden — das ist nur auf der Basis wissenschaftlicher Prognosen möglich. Die wissenschaftliche Voraussage ist eine der wichtigsten Fragen der modernen Geologie.

Der wachsende Verbrauch an mineralischem Rohstoff kann nicht allein durch die bereits bekannten Bergbau- und Erdölförderbezirke abgesichert werden. Die Geologen müssen beharrlich neue mineralische Rohstoffbasen schaffen.

Die Sowjetgeologie tritt hinsichtlich der Vorbereitung erkundeter Vorräte nutzbarer Bodenschätze in eine qualitativ neue Arbeitsperiode. In Verbindung damit, daß Sucharbeiten auf der ganzen Oberfläche des Territoriums unseres Landes durchgeführt, alle Gesteinsausbisse mehr oder weniger besichtigt und in verschiedenen Maßstäben kartiert, Vererzungen und ihre Anzeichen an der Oberfläche untersucht wurden, sind neue große geologische Entdeckungen auf Grund von Ausbißuntersuchungen und Erzanzeichen wenig wahrscheinlich. Heute ist die Suche einzelner Erzkörper, die in der Tiefe verborgen sind, nicht effektiv. Notwendig ist die verstärkte komplexe regionale Untersuchung der am meisten perspektiven Gebiete, die geologische Tiefenkartierung einzelner verdeckter Horizonte und das räumliche Kartieren mit dem Ziel, neue in der Tiefe verborgene mineralische Rohstoffkomplexe aufzuspüren. Zu dieser Etappe der geologischen Untersuchung des Landes nimmt die Rolle der wissenschaftlichen Begründung für die Auswahl der Bezirke für die Such- und die Erkundungsarbeiten bedeutend zu.

Früher war die Reihenfolge der geologischen Erkundungsarbeiten: geologische Kartierung, die Suche von Lagerstätten, die Vor- und dann ihre eingehende Erkundung. Jetzt zeichnet sich die Technologie dieser Arbeiten in folgender Sicht ab: regionales geologisch-geophysikalisches Studium des Territoriums und Tiefenkartierung; wissenschaftliche Prognose der Gebiete, die für die Konzentration nutzbarer Bodenschätze am günstigsten sind; die Suche von Erzprovinzen; die geophysikalische Vorbereitung von perspektiven Strukturen in diesen; die Niederbringung von Suchbohrungen auf diesen Strukturen; die Vor- und eingehende Erkundung entdeckter Lagerstätten; ihre technologische und ökonomische Einschätzung.

Früher haben wir Erz neben dem Erz gesucht. Dieses klassische Prinzip bedarf jedoch gegenwärtig einer ernsthaften Korrektur; denn in einer Reihe von Fällen hat dieses Prinzip sogar die Entfaltung von geologischen Erkundungsarbeiten und die Suchaufnahme in neuen Bezirken aufgehalten. Jetzt muß Erz nicht so sehr neben dem Erz als vielmehr in solchen geologischen Verhältnissen gesucht werden, die für die Bildung von Erzlagerstätten am günstigsten sind, obwohl direkte Hinweise an der Oberfläche fehlen können. Damit in Verbindung werden die Erkenntnis der gesetzmäßigen Verteilung der nutzbaren Lagerstätten, die prognostische Einschätzung der Bezirke für die Suche und Erkundung, die Annäherung der Wissenschaft an die geologische Produktion und die Nutzung ihrer Errungenschaften in der Suchpraxis zu den wichtigsten Aufgaben der derzeitigen Entwicklungsetappe der Geologie.

Für die Planung der geologischen Erkundungsarbeiten haben die Ausarbeitung von Prognosekarten der Verteilung nutzbarer Bodenschätze sowie die Einschätzung der Vorräte dieser oder jener Rohstoffart in den einzelnen Bezirken ungeheure Bedeutung.

Für solche nutzbaren Bodenschätze wie Erdöl und Erdgas verfügen wir über ausreichend wissenschaftlich begründete Vorratsprognosen, die der Planung geologischer Erkundungsarbeiten und der Durchführung der geologischen Suche zugrunde gelegt werden. Sich auf diese Prognosen stützend, gingen die Geologen kühn auf die Suche von Erdöl und Erdgas in Weißrußland, im Baltikum, in den zentralen Bezirken des europäischen Teiles des Landes, den Bezirken Ostsibiriens u. a. Die Kenntnis der Verteilungsgesetzmäßigkeiten von Erdöl und Erdgas ermöglichte die Entdeckung des größten erdöl-erdgas-führenden Bezirkes in Westsibirien, der nicht zufällig als Entdeckung des Jahrhunderts bezeichnet wurde.

Die geologischen wissenschaftlichen Einrichtungen der UdSSR haben eine große Arbeit bei der Anfertigung von Prognosekarten der verschiedenen nutzbaren Bodenschätze geleistet. Jetzt wird die Aufgabe gestellt, lokale Prognosen zu geben, mit denen nicht nur die für die Suche von nutzbaren Bodenschätzen perspektiven Gebiete ausgewiesen, sondern auch innerhalb solcher perspektiver Gebiete die Möglichkeit gegeben wird, gezielt in gewissen Tiefen Lagerstätten nutzbarer Bodenschätze zu entdecken. Dazu muß jedoch die Theorie der Erz-, Erdöl- und Erdgasbildung gut ausgearbeitet sein. Bedauerlicherweise bewegt sich hier die geologische Wissenschaft in den letzten Jahren langsam voran. In ihren grundlegenden theoretischen Vorstellungen befindet sie sich auf dem Niveau, das vor 20 bis 30 Jahren erreicht worden ist. In gewissem Umfang werden diese Vorstellungen modernisiert, doch entsprechen sie weder dem gegenwärtigen Entwicklungsstand der Naturwissenschaft (Physik, Chemie, Mathematik) noch jenem neuen Faktenmaterial, das die Geologie angehäuft hat.

Die Ausarbeitung der Probleme der Erz-, Erdöl- und Erdgasbildung in der Erdrinde ist eine der wichtigsten Aufgaben der geologischen Wissenschaft. Das entspricht den Direktiven des XXIII. Parteitages der KPdSU über die Verstärkung der Arbeiten zur Ermittlung der Verteilungsgesetzmäßigkeiten nutzbarer Bodenschätze in der Erdkruste. Gegenwärtig liegt für die Lösung dieser Probleme ein ausreichend großes Faktenmaterial vor, das sowohl in den wissenschaftlichen Einrichtungen wie auch als Ergebnis der praktischen Tätigkeit der Organisationen des Geologischen Dienstes angehäuft wurde.

Prognosekarten, die Verteilung der nutzbaren Bodenschätze und die prognostische Einschätzung der möglichen Vorräte, die in den einzelnen Territorien entdeckt und erkundet werden können, müssen Bestandteil der Planung der perspektivischen Entwicklung der Volkswirtschaft werden, insbesondere zur Verbesserung der geographischen Verteilung der mineralischen Rohstoffbasen und der Produktivkräfte des Landes. Für die UdSSR mit ihrem ausgedehnten Territorium ist die Verbesserung der Geographie des mineralischen Rohstoffs, die Verkürzung der weiten Transportwege, von ungeheurer ökonomischer Bedeutung. Die Nähe des Rohstoffs zu den Verbrauchsgebieten ist ein sehr wichtiger Faktor zur Effektivitätserhöhung der gesellschaftlichen Arbeit, des technischen Fortschritts im Lande. Darauf lenkte W. I. LENIN bereits 1918 die Aufmerksamkeit.

Eng verbunden mit den betrachteten Fragen ist die Aufgabe der Umbewertung der mineralischen Rohstoffressourcen einzelner Territorien. Ausgehend vom gegenwärtigen Stand des menschlichen Wissens und der Such- und Erkundungstechnik ist es notwendig, früher untersuchte Gebiete systematisch neu einzuschätzen. Wir haben nicht wenige Beispiele dafür, daß in gut untersuchten Bezirken bei neuem Herangehen neue große Lagerstätten nutzbarer Bodenschätze entdeckt wurden. Das sind entweder früher nicht bekannte Rohstoffarten oder neue Lagerstättentypen oder Erze, die in großer, bisher nicht erforschter Tiefe liegen.

Noch vielfältiger sind die Fragen der Erhöhung der Effektivität der geologischen Erkundungsarbeiten durch die technische Umrüstung der Suche und Erkundung. Eine revolutionäre Umwälzung haben auf diesem Gebiet die geophysikalischen Methoden ausgelöst. Gegenwärtig ist es undenkbar, sich ohne sie z. B. die Erdölsuche vorzustellen. Immer größere Anwendung finden die geophysikalischen Methoden bei der Suche fester nutzbarer Bodenschätze, obwohl zugegeben werden muß, daß die Erz-Geophysiker vorläufig noch hinter den Erdöl-Geophysikern zurückbleiben. Unzureichend wird die Geophysik bei der geologischen Kartierung angewandt. Es hat sich eine solche Lage herausgebildet, daß die regionalen geophysikalischen Arbeiten und die geologischen Kartierungen getrennt marschieren. Jetzt, wo die Erdoberfläche ausreichend kartiert wurde und wir zur räumlichen Kartierung übergehen, müssen die Anstrengungen der geologischen Kartierer und der Geophysiker vereinigt werden. Es müssen dafür Spezialisten eines neuen Profils vorbereitet werden, die die Geologie und Geophysik in gleichem Maße beherrschen.

Die geologische Karte bleibt auch weiterhin das Hauptdokument für die geologische Suche. Wir müssen unsere Methoden der geologischen Kartierung grundlegend verändern, zur Anfertigung von Karten des Tiefenbaus der Erde übergehen, in denen sich die größten Entwicklungsperioden ihrer Rinde widerspiegeln. Die räumliche und Tiefenkartierung ist unser nächstes Ziel. Es kann durch die Vereinigung geologischer und geophysikalischer Untersuchungsmethoden und durch die Vergrößerung des Umfangs an Bohrarbeiten erreicht werden.

Nach dem Kriege hat die Anwendung der Aerofotoaufnahme und aerogeologischer Methoden zum Fortschritt in der geologischen Kartierung und der Suche vieler nutzbarer Bodenschätze beigetragen. Zweifellos wird die Erforschung der Erde mit Hilfe kosmischer Apparate in Verbindung mit geophysikalischen Beobachtungen auf der Erde neues Material zum Verständnis der globalen geologischen Struktur der Erdrinde und folglich zum Verständnis der allgemeinen Gesetzmäßigkeiten der Verteilung nutzbarer Bodenschätze liefern.

Auf dem Gebiete der Geophysik muß der wissenschaftlich-technische Fortschritt auf die Erhöhung der Empfindlichkeit der Geräte gerichtet werden, auf die Ausarbeitung von Methoden zur Automatisierung der

Zeitschrift für angewandte Geologie, Bd. 17 (1971), Heft 6

Beobachtungen und der Bearbeitung der erhaltenen Daten.

Die weitere Entwicklung der Geologie wird verbunden sein mit der breiten Anwendung der neuesten Errungenschaften der Physik, Chemie und Mathematik. Die Mathematisierung der Geologie gestattet, die Bearbeitung des ungeheuren geologischen Materials auf ein neues, höheres Niveau zu heben. Sie wird zur Auffindung neuer geologischer Gesetzmäßigkeiten beitragen. Auf der Basis der Errungenschaften der Kernphysik und Elektronik wurden in den Nachkriegsjahren neue effektive Methoden und Apparate für die geologische Suche und Erkundung geschaffen. Breite Anwendung fanden Aerosucharbeiten auf Lagerstätten mit radioaktiven Erzen und genetisch oder räumlich mit ihnen verbundene Lagerstätten anderer nutzbarer Bodenschätze.

Die Kerngeophysik hat gewaltige Möglichkeiten zur Analyse der Elemente der Gesteine und Erze, der Stoffdiagnostik nicht nur unter Labor-, sondern auch unter Feldbedingungen eröffnet.

Gegenwärtig sind solche hochempfindlichen Methoden ausgearbeitet wie die Neutronenaktivierungsanalyse bei Anwendung von Kernreaktoren oder die Gammaaktivierungsanalyse bei Anwendung von Beschleunigern geladener Teilchen, eine große Gruppe von Methoden, die auf der Anwendung von radioaktiven Quellen ionisierender Strahlung beruhen. Es wurden die allerverschiedensten kernanalytischen Geräte geschaffen und eingeführt.

Die hohe Produktivität, Genauigkeit und Einfachheit der kernphysikalischen Analyse, die Mobilität und Zuverlässigkeit der analysierenden Apparatur, der fehlende Zwang an Reagenzien und chemischen Gefäßen — das alles ermöglicht nicht nur eine wesentliche Erhöhung der Bestimmungsgeschwindigkeit und Kostensenkung, sondern verbessert auch schroff die Operativität, indem diese Apparaturen unmittelbar den Objekten der geologischen Erkundungsarbeit näher gebracht werden. Leider nutzen unsere analytischen Labors immer noch unzureichend diese Methoden.

Die breite Einführung kernphysikalischer Methoden und Apparaturen in die geologische Erkundung ist ein wichtiger Meilenstein in ihrem wissenschaftlich-technischen Fortschritt. Die Kollektive der wissenschaftlichen Forschungs-, der Projektierungs- und Konstruktions- sowie der geologischen Produktionsorganisationen müssen mit allen Mitteln diese Richtung entwickeln.

Noch vielseitiger sind die Fragen der Effektivitätserhöhung der geologischen Erkundungsarbeiten durch die Vervollkommnung der Such- und Erkundungsmittel. In der Geologie wird gegenwärtig die komplizierteste Bohr- und bergmännische Vortriebstechnik angewandt. Der Umfang der geologischen Erkundungsarbeiten ist ungeheuer. Es genügt zu sagen, daß bei uns im Lande jährlich mehr als 5,5 Millionen Meter tiefer Bohrungen auf Erdöl und Erdgas und 16 Millionen Meter für Bohrungen auf feste Bodenschätze und Grundwasser niedergebracht werden. Die Erhöhung der Bohrgeschwindigkeit der Bohrungen, die Reduzierung der Stillstandszeiten und der unproduktiven Ausgaben sind die Grundlage zur Erhöhung der Arbeitsproduktivität. Die Hauptrichtung des technischen Fortschritts bei den geologischen Erkundungsarbeiten sind neben der Verbesserung der Ausnutzung der Ausrüstung die Einführung neuer Technik sowie hocheffektiver technologischer Methoden. Das Diamantbohren, die Auswechslung moralisch veralteter Bohrgeräte durch automatisierte und schnellbohrende, die komplexe Mechanisierung der bergmännischen Vortriebsarbeiten und andere analoge Maßnahmen müssen in großem Maßstab und schnellerem Tempo durchgeführt werden.

Abschließend möchten wir nochmals unterstreichen, daß die Arbeit der Geologen und ihre Entdeckungen wesentliche Bedeutung für die Entwicklung der Ökonomik unseres Landes besitzen. Und insoweit der wissenschaftlich-technische Fortschritt in der Geologie Teil der sich in der Welt vollziehenden wissenschaftlich-technischen Revolution ist, kann sich der Geologe nicht in dem engen Rahmen seines Zweiges abkapseln. Er muß aufmerksam die neuesten Errungenschaften aller Natur- und exakten Wissenschaften verfolgen, ihre Errungenschaften für die Entwicklung der geologischen Theorie und die Vervollkommnung der Such- und Erkundungsmethoden von Lagerstätten nutzbarer Bodenschätze nutzen.

Entwurf einer allgemeinen Theorie der Interpretation geophysikalischer Untersuchungen

GERALD PESCHEL, Greifswald, & GERD OLSZAK, Leipzig

1. Einleitung

Die ständig steigenden Anforderungen an den Umfang, die Detailliertheit, die Sicherheit und Genauigkeit der aus den geophysikalischen Untersuchungsergebnissen zu treffenden geologischen Aussagen weisen den Erkundungsgeophysiker immer nachdrücklicher auf die Notwendigkeit einer kritischen Sichtung seiner Untersuchungsmethodik hin. Er sieht sich heute einer fast unüberschaubaren Fülle der verschiedensten Arbeitsmethoden gegenüber, die oft für ein engbegrenztes und spezifisches Erkundungsproblem entwickelt wurden und deren praktische Verbreitung nicht selten durch intensive Reklame ihrer Erfinder, eindrucksvolle Beispiele in leichtzugänglichen Publikationen oder ähnliche, oft zufällige Faktoren bestimmt wird. Andererseits findet der Praktiker beim Studium der vielfältigen methodischen Varianten oft keine befriedigende Antwort auf dringende Fragen, z. B. die Problematik der Objektivität und Komplexität der Interpretation.

Eingang des Manuskripts in der Redaktion: 7. 5. 1970.

In dieser Situation wird der Mangel einer gedanklichen Konzeption spürbar, die von methodologisch übergeordneter Position eine Wertung der bekannten Arbeitsmethoden und die Entwicklung neuer, effektiverer Methoden ermöglicht; einer von den speziellen Problemen abstrahierenden allgemeinen Theorie des geophysikalischen Erkundungsprozesses. Ein solches theoretisches System hat die Aufgabe, auf der Grundlage der marxistisch-leninistischen Erkenntnistheorie, der kybernetischen Systemtheorie und Informationstheorie die allgemeinen Gesetzmäßigkeiten des speziellen Erkenntnisvorganges im geophysikalischen Erkundungsprozeß zu untersuchen, den Platz der einzelnen speziellen Methoden im Gesamtsystem der Erkundung und ihren Erkenntniswert zu bestimmen, das optimale Zusammenwirken der speziellen Methoden im System der Komplexerkundung zu gewährleisten und schließlich wissenschaftlich begründete Entwicklungslinien für die Erarbeitung neuer, effektiverer Methoden zu konzipieren.

Mit der Lösung der an erster Stelle formulierten Aufgabenstellung führt eine allgemeine Erkundungstheorie zur Entwicklung verallgemeinerter Erkundungsalgorithmen als Grundlage für die Automatisierung größerer Abschnitte des geophysikalischen Erkundungs- und Erkenntnisprozesses im Rahmen integrierter Systeme der automatischen Informationsverarbeitung in der Volkswirtschaft.

Die in den letzten Jahren insbesondere in Verbindung mit der umfangreichen Anwendung digitaler Rechenautomaten erlangten praktischen und theoretischen Erkenntnisse über den Systemcharakter des geophysikalischen Erkundungsprozesses ermöglichen jetzt, den Aufbau einer solchen allgemeinen Theorie in Angriff zu nehmen.

Im folgenden möchten die Verf., als Teil ihrer bisherigen Forschungsergebnisse, einige Bemerkungen zum Aufbau einer Teiltheorie, nämlich einer allgemeinen Interpretationstheorie für geophysikalische Untersuchungen, vorlegen.

2. Der Informationsfluß bei geophysikalischen Untersuchungen

Mit der Gesamtheit aller zugänglichen Kenntnisse über einen Untersuchungsgegenstand erhalten wir ein ideelles Abbild seines strukturellen und substantiellen Zustands als Widerspiegelung der objektiven Realität. In der angewandten geowissenschaftlichen Erkundung ist der Untersuchungsgegenstand ein bestimmter räumlich begrenzter Abschnitt der Erdkruste. Seine Abbildung in unserem Bewußtsein wird in seinen allgemeinen Zügen durch in demselben bereits vorhandene allgemeine Modellvorstellungen bestimmt, die aus der Erfahrung, aus Analogieschlüssen zu vorher untersuchten Objekten und aus der Anwendung von allgemeingültig erkannten Naturgesetzen entspringen. Sie erhält ihr individuelles Gepräge durch die Information, die wir durch spezielle geowissenschaftliche Untersuchungen gewinnen. Umfang und Qualität, d. h. Relevanz der uns durch die Erkundungsaktivität zufließenden Informationen, bestimmen in entscheidendem Maße die Detailliertheit und die Adäquatheit des als Ergebnis des Erkundungsprozesses erlangten Abbilds des geologischen Untergrundes.

Die Gesamtmenge der geologischen Informationen kann in Teilmengen zerlegt werden, die die Struktur (Geometrie des äußeren und inneren Aufbaus), die Substanz (stoffliche Zusammensetzung) und das physikalisch-chemische Verhalten des geologischen Untergrundes zu verschiedenen Zeiten und unter verschiedenen Bedingungen betreffen.

Eine kritische Betrachtung der gegenwärtigen Aussagefähigkeit feldgeophysikalischer Untersuchungen zeigt, daß bisher fast ausschließlich der strukturelle Teil der geologischen Information gewonnen werden kann. Im Hinblick auf eine optimale wissenschaftlich-ökonomische Aussage resultieren daraus höchste Anforderungen an die Weiterentwicklung der geophysikalischen Erkundungs- und insbesondere der Interpretationsmethodik.

Die Betrachtung des geowissenschaftlichen Erkundungsprozesses als spezieller Erkenntnisprozeß und als Prozeß der Umformung und Übertragung spezieller Kategorien von Informationen erweist sich als Schlüssel für das Verständnis der Problematik der Interpretation geophysikalischer Untersuchungsergebnisse.

Die Erkundung des geologischen Untergrundes mit den spezifischen Mitteln des Erkundungsgeologen (Tiefbohrung bzw. Schacht, Schurf usw. und entsprechende Bearbeitung des Materials im Feld und in den Labors) gibt sich bei einer solchen Betrachtungsweise als noch relativ einfacher Vorgang zu erkennen, der als spezieller Erkenntnisprozeß unmittelbar durch die Spezialisierung des Gesamtregelkreises der Erkenntnis (nach G. KLAUS 1966) beschrieben werden kann (Abb. 1).

Der geophysikalische Erkundungsprozeß besitzt eine wesentlich kompliziertere Systemstruktur. Die geologische Information, d. h. die Information über die

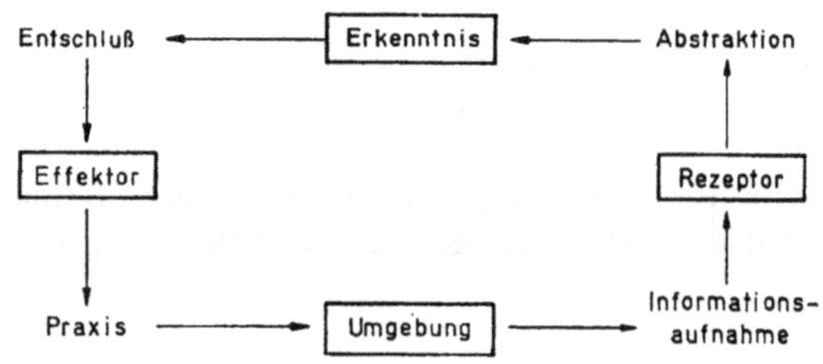

Abb. 1a. Der Gesamtregelkreis der Erkenntnis (nach G. KLAUS)

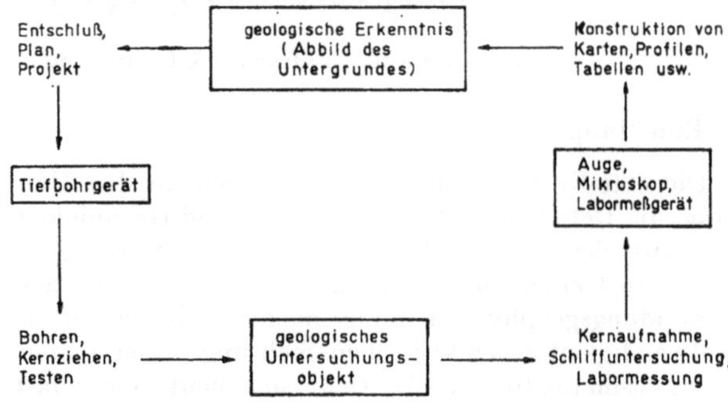

Abb. 1b. Spezieller Erkenntnisprozeß der rein geologischen Erkundung

Zeitschrift für angewandte Geologie, Bd. 17 (1971), Heft 6

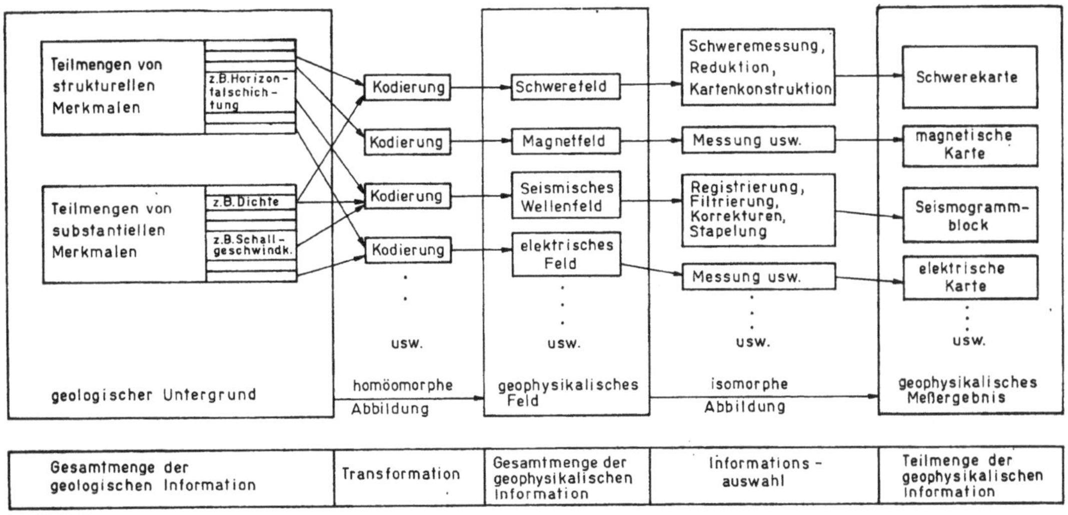

Abb. 2. Der Informationsfluß im geophysikalischen Erkundungsprozeß (Teil 1: Informationsaufnahme)

Substanz und über die Struktur der untersuchten Objekte, wird hier in eine andere Informationskategorie transformiert, in die geophysikalische Information: Das ist die gesetzmäßige Abhängigkeit bestimmter physikalischer Größen von räumlichen und zeitlichen Koordinaten, die im verallgemeinerten Sinne als geophysikalisches Feld bezeichnet werden soll. Diese Transformation der Information kann als Kodierung und damit als Abbildung einer Menge von Zeichen auf eine andere aufgefaßt werden. Sie erfolgt z. T. spontan (z. B. bei der Entstehung des magnetischen Potentialfeldes), z. T. nur durch die gezielte Einwirkung des Menschen auf den geologischen Untergrund (z. B. Modifizierung des seismischen Wellenfeldes). Jedes geologische Objekt produziert verschiedene Teilkategorien geophysikalischer Information bzw. ist in der Lage, sie bei geeigneter Einwirkung zu produzieren (gravimetrische, magnetische, seismische, elektrische usw. Information). Diese Teilmengen der geophysikalischen Information enthalten unterschiedliche, jedoch sich z. T. schneidende Teilmengen der geologischen Information.

Durch die Ausführung geophysikalischer Messungen setzen wir den gewünschten Informationsfluß vom Untersuchungsobjekt zum kollektiven Bewußtsein des Erkundungskollektivs in Gang. Als Effektoren erweisen sich dabei die Meßtrupps, Schußbohrungen, Speiseelektroden usw. Die Rezeptoren sind spezielle Meßgeräte, oft noch gekoppelt mit menschlichen Sinnesorganen. Als Ergebnis der geophysikalischen Untersuchungen erhalten wir je nach der gewählten Untersuchungsmethodik eine Menge oder mehrere Mengen von Vektoren mit Meßwerten und Koordinaten als Komponenten oder Funktionen, auf deren Grundlage wir Abbilder der realen geophysikalischen Felder konstruieren können. Die Detailliertheit und Adäquatheit dieser Abbilder sind dem Erkundungsaufwand direkt und den Meßfehlern indirekt proportional.

Zusammenfassend kann festgestellt werden, daß mit der geophysikalischen Vermessung eine experimentelle Ermittlung von Teilmengen der geophysikalischen Information erfolgt (Abb. 2).

3. Der Interpretationsprozeß und seine Grenzen

Der Interpretationsprozeß umfaßt die Rücktransformation der geophysikalischen Information in geologische Information. Er wird von dem hier bezogenen Standpunkt aus zur Dekodierung der verschlüsselten Nachricht über das Untersuchungsobjekt, unter Berücksichtigung der Tatsache, daß wir nur unterschiedlich adäquate Abbilder von verschieden verschlüsselten Signalen der gleichen Quelle kennen.

Grundbedingung für eine erfolgreiche Dekodierung ist die prinzipielle Kenntnis der die Kodierung bestimmenden Bedingungen. Ausgehend von den Hauptaspekten der den geologischen Untergrund charakterisierenden Merkmalsmenge, dem substantiellen und dem strukturellen Aspekt, ergeben sich als notwendige Voraussetzungen für die Interpretation geophysikalischer Untersuchungsergebnisse:

1. Vorliegen gesicherter Ergebnisse der petrophysikalischen Forschung unter Berücksichtigung des spezifischen physikalischen Zustands unter den natürlichen Lagerungsbedingungen der Untersuchungsobjekte;

2. Vorliegen des Lösungsweges für die direkte Aufgabe der Erkundungstheorie (Berechnung des geophysikalischen Feldes für ein beliebiges geologisches Modell).

Infolge der genetisch bedingten gesetzmäßigen Zusammenhänge zwischen den verschiedenen Merkmalsmengen der geologischen Körper prägen mehrere Kodierungsbedingungen gleichzeitig und unabhängig voneinander die geophysikalische Information. Darin liegt — wie an anderer Stelle nachgewiesen wurde (G. PESCHEL 1968) — die Ursache dafür, daß die Abbildung des geologischen Untergrundes auf das geophysikalische Feld nicht isomorph ist. Außerdem stellt die im geophysikalischen Meßergebnis enthaltene Information nur eine Teilmenge der im geophysikalischen Feld enthaltenen Information dar. Daraus folgt, daß die geologische Interpretation des geophysikalischen Meßergebnisses nur abstrakte Modelle der geologischen Körper erbringen kann, abstrakte Modelle, die in verschiedenem

Grade die Feinheiten des substantiellen und strukturellen Baues der natürlichen Körper unberücksichtigt lassen.

Das geophysikalische Meßergebnis steht im ursächlichen Zusammenhang mit den natürlichen geologischen Körpern und nicht mit den abstrakten Körpern oder Diskontinuitäten, auf die sich die Interpretation beschränken muß. Es enthält demnach auch Informationen über die Abweichungen des abstrakten Modells von den wirklichen, d. h. komplizierten Verhältnissen im Untergrund. Wenn diese Information für eine Verfeinerung des abstrakten Modells nicht genutzt wird, tritt sie als eine bestimmte Kategorie von Rauschen in Erscheinung, als untergrundbedingtes, modellbezogenes Rauschen. Eine Strategie, die auf maximale Beseitigung des Rauschens im Verlaufe des Interpretationsprozesses gerichtet ist, läßt sich aus diesen Gründen nicht mit dem Betreben nach Verfeinerung des geologischen Modells vereinbaren. Nun ist das geophysikalische Meßergebnis jedoch außerdem mit Meßfehlern, Korrekturfehlern, apparativen Fehlern usw. behaftet, die ebenfalls als Rauschen im geophysikalischen Nachrichtenkanal in Erscheinung treten, als eine zweite Kategorie von Rauschen, die jedoch in keinerlei Beziehung zum geologischen Untergrund steht.

Betrachtet man unter diesen Gesichtspunkten die Rücktransformation der durch die geophysikalische Messung erlangten Teilmenge an geophysikalischer Information in geologische Information, so kann folgendes festgestellt werden:

1. Der Interpretationsprozeß erfolgt für jede Teilmenge geophysikalischer Information in zwei getrennten Stufen aufsteigenden Abstraktionsgrades (Abb. 3):

Die erste Stufe umfaßt die Abstraktion des geophysikalischen Feldes aus dem Meßergebnis und damit die Auseinandersetzung mit dem Rauschen, die Feststellung im Hinblick auf die geologische Aufgabe zu interpretierender Parameter des geophysikalischen Feldes, d. h. die Erkennung der „Anomalien" bzw. „Welleneinsätze" und die Feststellung ihrer charakteristischen Kennzeichen. Man könnte sie als geophysikalischen Teil der Interpretation bezeichnen.

Die zweite Stufe umfaßt die Umwandlung der charakteristischen Größen des geophysikalischen Feldes in Parameter des geologischen Modells. Dieser Teil stellt die eigentliche geologische Interpretation dar.

2. Wegen der Homöomorphie, d. h. der nicht eindeutigen Umkehrbarkeit der Abbildung der geologischen Körper auf das geophysikalische Feld, und wegen der Existenz des untergrundbedingten Rauschens kann ein sich über beide Abstraktionsstufen erstreckender Interpretationsalgorithmus nicht auf direktem Wege, sondern nur durch schrittweise Näherung realisiert werden. Die Interpretation beginnt bei einfachen Modellen, die schrittweise verfeinert werden, wobei die als Rauschen betrachtete Informationsmenge immer mehr abnimmt. Außerdem führt die Interpretation einer Teilmenge geophysikalischer Information auf mehrere mögliche Modelle. Es kann jedoch die Wahrscheinlichkeit der einzelnen möglichen Modelle berechnet werden und auf der Grundlage des Theorems von BAYES nachgewiesen werden, daß eine A-priori-Verteilung für ein geologisches Modellsystem durch die Interpretation der geophysikalischen Information in eine präzisierte A-posteriori-Verteilung übergeführt werden kann.

3. Durch quantitative Verknüpfung der Teilmengen der Information, d. h. durch den sogenannten Prozeß der Komplexinterpretation, kann schließlich die Anzahl der möglichen äquivalenten Modelle, bei gleichzeitiger Verfeinerung der Modelle, noch weiter verringert werden. Zufluß weiterer geophysikalischer Information z. B. durch neuere Messungen führt zur weiteren Präzisierung des geologischen Modells.

4. Die Informationsanalyse

Die erste Stufe der Interpretation, d. h. das Erkennen der Anomalien und Welleneinsätze sowie das Feststellen der charakteristischen Signalparameter,

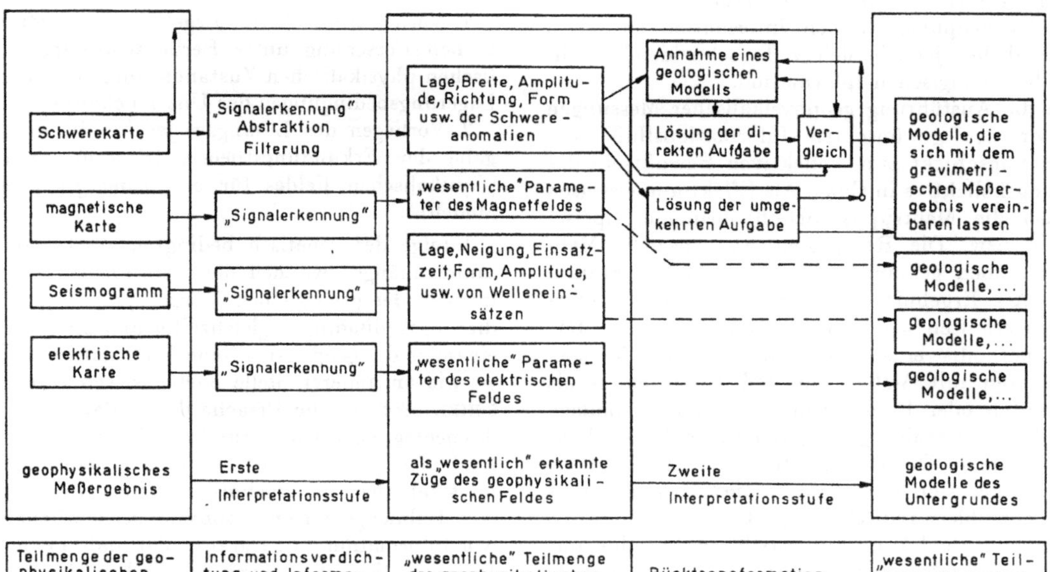

Teilmenge der geophysikalischen Information	Informationsverdichtung und Informationsauswahl	„wesentliche" Teilmenge der geophysikalischen Information	Rücktransformation	„wesentliche" Teilmenge der geologischen Information

Abb. 3. Der Informationsfluß im geophysikalischen Erkundungsprozeß (Teil 2: Abstraktion)

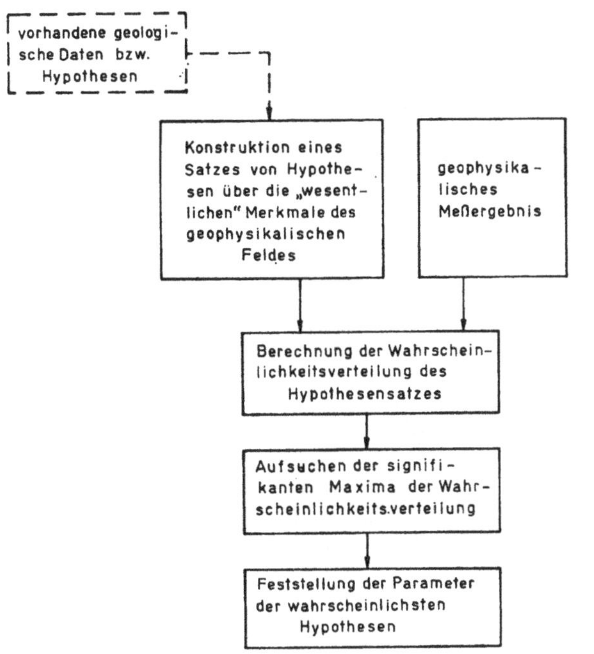

Abb. 4. Erste Interpretationsstufe (Schema der Informationsanalyse)

wird bisher ausschließlich dem durchaus leistungsfähigen Zeichenerkennungsvermögen des menschlichen Gehirns überlassen. Der Interpretator legt, geleitet von seinem „Fingerspitzengefühl" und seiner Erfahrung, fest, welche Parameter geologisch zu interpretieren sind und welche vernachlässigt werden. Über die subjektiven Grenzen zwischen „wesentlich und unwesentlich" gehen im konkreten Falle die Meinungen oft weit auseinander. Die einen gehen bei der Interpretation der Meßergebnisse zu optimistisch vor und werden von den anderen wegen des zu umfangreichen Gebrauchs der Phantasie oft zu Recht heftig kritisiert. Allerdings vergessen die letzteren über den Stolz auf ihre angebliche „Exaktheit" häufig, daß sie diejenigen sind, die die in den Meßergebnissen enthaltene Information am wenigsten ausschöpfen.

Mit der Entwicklung des umfangreichen Arsenals von Verfahren zur Filterung der geophysikalischen Meßergebnisse, wobei wir auch solche Signalbearbeitungsverfahren, die von einer ganz anderen Ausgangsposition aus erarbeitet wurden, wie z. B. die Potentialfeldtransformationen, als Filterungen auffassen, wurden hervorragende Hilfsmittel zum Erkennen der Signale und ihrer Parameter geschaffen. Es muß jedoch darauf hingewiesen werden, daß die Bearbeitung eines beliebigen Meßergebnisses mit einem beliebigen Filterverfahren bereits ein Teil des Interpretationsprozesses ist. Durch die subjektive Wahl des Filterverfahrens wird ein bestimmter Teil der geophysikalischen Information ausgegliedert und zur Konstruktion des geologischen Modells nicht mit herangezogen. Das Studium der Veränderungen der geophysikalischen Information durch sukzessive Anwendung eines Filtersatzes leitet dagegen zu einer objektiven Methodik der Ermittlung der zu interpretierenden geophysikalischen Parameter über, die wir als Analyse der geophysikalischen Information bzw. kurz Informationsanalyse bezeichnen. Ihr Prinzip besteht darin, daß wir eine Reihe von Hypothesen über die gesuchten Anomalien, Welleneinsätze usw. und deren Parameter aufstellen und die Wahrscheinlichkeit dafür berechnen, daß sich diese Hypothesen mit dem Meßergebnis vereinbaren lassen. Wir prüfen demnach zunächst mit einer von subjektiven Faktoren freien Methodik, welche Gesamtheit charakteristischer geophysikalischer Größen im Meßergebnis Resonanz findet. Als Ergebnis erhalten wir eine mehrdimensionale Wahrscheinlichkeitsverteilung in Abhängigkeit von den gesuchten Parametern, deren Maxima die Koordinaten der wahrscheinlichsten Parameter besitzen (Abb. 4).

Bei der Konstruktion der Hypothesen kann selbstverständlich schon von einer bestimmten geologischen Modellvorstellung ausgegangen werden.

5. Der Interpretationsalgorithmus

Nur wenn schon in größerem Umfang geologische Information über das Untersuchungsobjekt vorliegt, kann das geophysikalische Meßergebnis direkt, d. h. durch Lösung der umgekehrten Aufgabe der Erkundungstheorie, interpretiert werden. Andernfalls führen die Methoden der Direktinterpretation nur zu äußerst abstrakten geologischen Modellvorstellungen, die oft nur eine sehr grobe Abschätzung der wirklichen geologischen Verhältnisse ermöglichen.

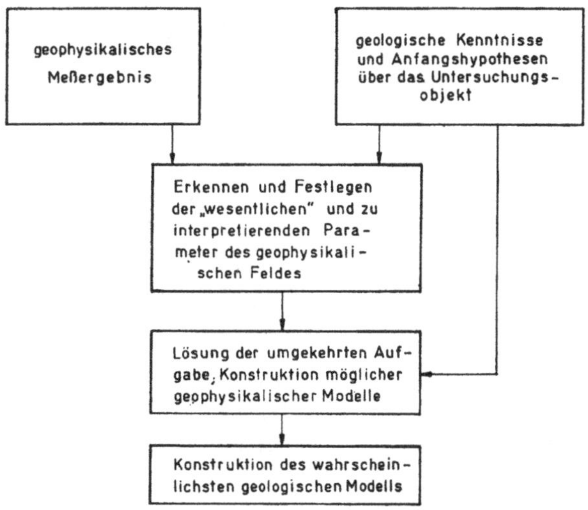

Abb. 5. Zweite Interpretationsstufe (Schema der „Direktinterpretation")

Dabei scheint die seismische Erkundung zunächst eine Ausnahme darzustellen, da man sich hier auf Grund der äußerst umfangreichen geophysikalischen Informationsmenge und der scheinbar sehr einfachen Kodierung der geologischen Information in geophysikalische Signale mit gutem Erfolg offenbar mit der Direktinterpretation begnügen kann.

Das sich in kybernetischer Sicht als Steuerungsprozeß zu erkennen gebende System der Direktinterpretation ist schematisch in Abb. 5 dargestellt.

Diejenigen Verfahren der Direktinterpretation, bei denen man von der FOURIER-Transformation des Meßergebnisses ausgeht (z. B. K. W. GLADKIJ 1967), unterscheiden sich nicht prinzipiell hiervon. Bei ihnen wird die Information lediglich vor Lösung der umgekehrten Aufgabe verdichtet.

Als flexibler und weniger Voraussetzungen erfordernd erweist sich der Algorithmus der Methode des Vergleichs der gemessenen geophysikalischen Felder mit theoretischen Modellfeldern, der schematisch in Abb. 6 dargestellt ist.

Mitunter wird diese Methode mit der Methode der Direktinterpretation kombiniert (z. B. A. CELMINS 1957).

Der unter dem Gesichtspunkt der kybernetischen Systemtheorie leistungsfähigste Interpretationsalgorithmus entspricht einer Regelung und hat bei konsequenter Beachtung der im Vorstehenden angeführten Gedanken etwa die in Abb. 7 schematisch dargestellte Form. Seine praktische Realisierung führt auf eine Transformation der wesentlichen Züge des Meßergebnisses in eine Wahrscheinlichkeitsverteilung der Parameter des geologischen Modells, genauer: auf eine Überführung der A-priori-Verteilung der Wahrscheinlichkeit der Parameterwerte des geologischen Modells in eine A-posteriori-Verteilung mit geringerer Dispersion durch Zufuhr von geophysikalischer Information. Auf dieser Grundlage ist — wie noch gezeigt werden wird — eine besonders einfache Lösung des Problems der quantitativen Komplexinterpretation möglich. Die einzelnen Teile des Algorithmus sind bisher unterschiedlich weit entwickelt. Insbesondere sind noch viele Probleme der Informationsanalyse, der Analyse der Unterschiede zwischen dem theoretischen Modellfeld und den wesentlichen Zügen des Meßergebnisses sowie der Strategie der Veränderung der Parameter des geologischen Modells ungelöst.

Als Kriterium für die Vertrauenswürdigkeit einer geologischen Hypothese, unter der Bedingung des Vorliegens einer bestimmten Menge von geophysikalischer Information, hat sich die auf der Grundlage des Theorems von BAYES entwickelte sogenannte Methode

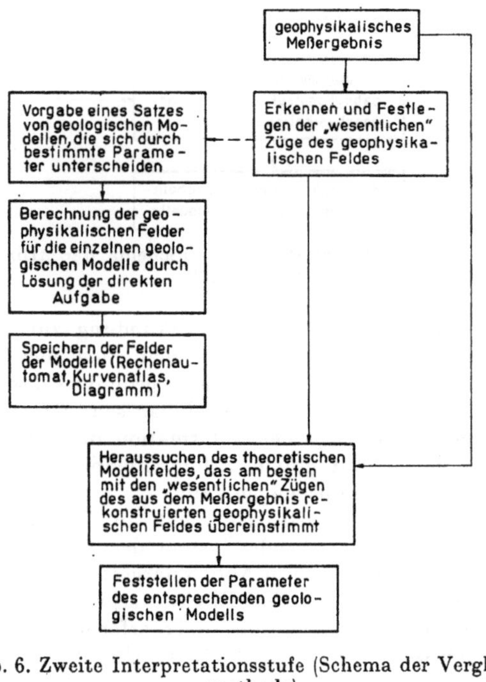

Abb. 6. Zweite Interpretationsstufe (Schema der Vergleichsmethode)

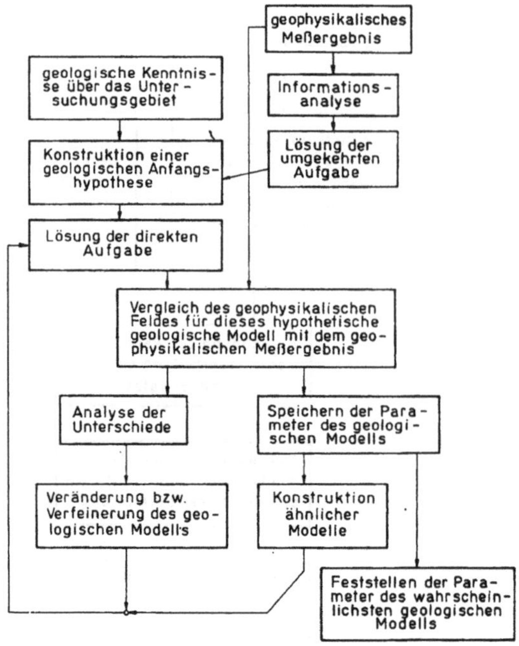

Abb. 7. Zweite Interpretationsstufe (Schema der Trial-and-error-Methode)

der umgekehrten Wahrscheinlichkeit besonders bewährt (L. A. CHALFIN 1958).

Von KALININA & GOLZMANN (1967) ist für die Teilmenge der magnetischen Information ein automatisches Interpretationsverfahren entwickelt worden, das etwa dem vorgelegten verallgemeinerten Algorithmus entspricht, allerdings ohne Berücksichtigung der ersten Interpretationsstufe, d. h. der Informationsanalyse. Es erlaubt die Ermittlung der wahrscheinlichsten Werte von sieben Parametern des geologischen Modells.

Für die Interpretation von seismischen Untersuchungen ergeben sich unter diesen Gesichtspunkten neue methodische Varianten.

Die Anwendung des vorgelegten Algorithmus führt etwa zu dem folgenden Verfahren: Zunächst wird mit den vorliegenden geologischen und geophysikalischen Kenntnissen und durch die übliche Direktinterpretation des seismischen Meßergebnisses ein geologisches Modell erarbeitet. Auf der Grundlage dieses Modells wird — unter Einbeziehung von Hypothesen über die Prägung seismischer dynamischer Eigenschaften — ein synthetisches Seismogramm berechnet. Durch Analyse der Unterschiede zwischen dem synthetischen und dem gemessenen Seismogramm wird das Modell so lange verändert, bis seine wahrscheinlichste Variante gefunden ist. Diese Interpretationskonzeption nutzt damit z. B. auch die in multiplen Reflexionen enthaltene Information über die Eigenschaften bestimmter Diskontinuitäten aus, ermöglicht eine Substanzaussage und erweist sich somit der einfachen Direktinterpretation überlegen.

6. Quantitative Lösung des Problems der Komplexinterpretation

Im Verhältnis zu den Erkundungsaufgaben früherer Jahrzehnte rückt die Problematik der komplexen Interpretation von Daten der geologischen Wissenschaften in den letzten Jahren ständig mehr in den Vordergrund. Diese Entwicklung wird durch objektive Erfordernisse bestimmt, leider wird sie durch umfangreiche Unklarheiten und Mißverständnisse gegenwärtig gehemmt. Sie beruhen einerseits auf einer noch unzureichenden Analyse der Gesamtproblematik der Komplexinterpretation, anderseits auf dem weitgehenden Fehlen objektiver, speziell quantitativer Verfahren der Komplexinterpretation.

Die Lösung der ständig komplizierter werdenden geologischen Aufgabenstellungen ist nur noch in Ausnahmefällen durch die Aussage einer geophysikalischen Untersuchungsmethode möglich. Das läßt sich z. B. an den folgenden beiden Teilproblemen demonstrieren:

a) Die Einzelaussagen verschiedener Verfahren lassen an einem spezifischen Problem jeweils eine große Menge wahrscheinlicher geologischer Modelle zu; die Aufgabe besteht darin, die Anzahl der möglichen Modelle zu reduzieren und das wahrscheinlichste geologische Modell zu konstruieren. Abb. 8 zeigt in schematischer Form die Wahrscheinlichkeitsverteilung der Parameter der geologischen Modelle nach der Einzelinterpretation der durch die verschiedenen geophysikalischen Meßverfahren erhaltenen Informationsteilmengen.

b) Die Einzelaussagen verschiedener Verfahren geben jeweils keine ausreichende und gesicherte Antwort auf eine spezifische geologische Frage, etwa die sichere Erfassung einer vermuteten tektonischen Störung. Die Ursache der Problematik kann z. B. in zu geringem Informationsinhalt der Einzelsignale bezüglich der speziellen Frage oder in der Überlagerung mit Informationen von nichtinteressierenden Quellen (Störungssignalen) bestehen. Durch die Überlagerung der Nutzsignale mehrerer Verfahren kommt es in diesem Fall darauf an, den gesamten Informationsinhalt über die Signifikanzschwelle zu heben (Abb. 9).

Während der Informationsinhalt der einzelnen Verfahren nicht die Signifikanzschwelle im Bereich der spezifischen geologischen Frage überschreitet, d. h. eine sichere Aussage oder einen Beitrag hierzu leisten kann, wird das durch die kombinierte Aussage (Kurve K) möglich.

Da die Komplexinterpretation im allgemeinen mit den vorhandenen Daten vorliebnehmen muß, nimmt sie eine relativ passive Stellung im System der Erkundung ein. Es kann daher oft der Fall eintreten, daß durch die Kombination der Einzelinformationen eine Wahrscheinlichkeitsverteilung in Form der Kurve K′ auftritt;

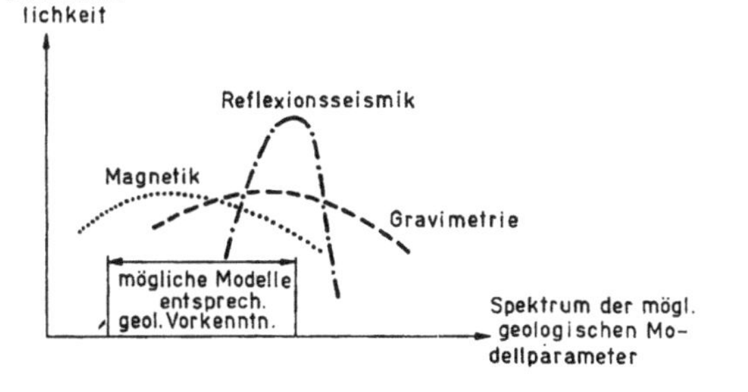

Abb. 8. Wirkungsprinzip der Komplexinterpretation bei der Reduzierung der Anzahl der möglichen geologischen Modelle

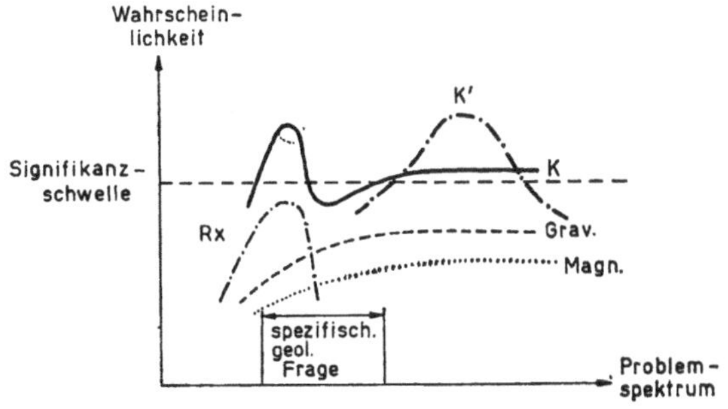

Abb. 9. Wirkungsprinzip der Komplexinterpretation bei der Vergrößerung der spezifischen Aussagekraft

trotz höherer Informationsmenge kann die spezifische geologische Frage nicht gelöst werden.

Der letztere Fall weist eindringlich eine zusätzliche Funktion der Komplexinterpretation aus: die Formierung der Strategie der Komplexerkundung (Abb. 10).

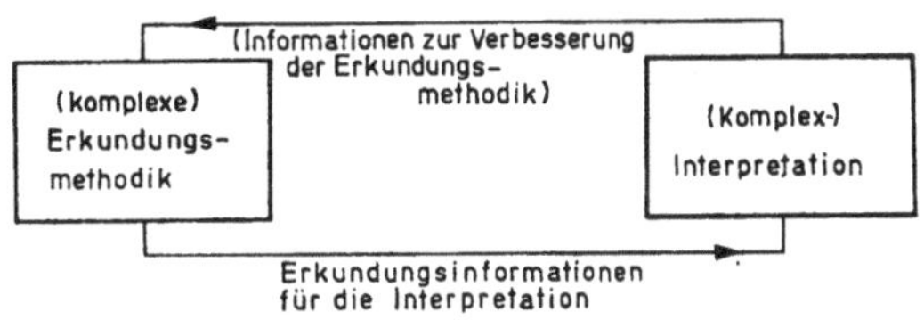

Abb. 10. Beziehungen zwischen Erkundungsmethodik und Interpretation

Diese Funktion wird oft nicht beachtet, bzw. sie wird unterschätzt. Dabei geben gerade die gründliche Analyse vorangegangener Interpretationsprozesse und die Abschätzung des zukünftigen Prozesses die sicherste Basis für einen optimalen, insbesondere ökonomischen Erkundungsprozeß. Mit anderen Worten: Die Qualität der Interpretation und die Auswertung dieses Prozesses bedingen die Qualität der Erkundung und umgekehrt.

Die Anzahl der möglichen geologischen Modelle für ein Untersuchungsobjekt ist oft sehr groß, aber endlich. Durch unsere allgemeinen und speziellen Kenntnisse über ein Untersuchungsgebiet wird eine A-priori-Verteilung der Wahrscheinlichkeit für die Kennzeichen der möglichen geologischen Modelle bestimmt. Parameter mit Wahrscheinlichkeiten unter einer festgelegten Signifikanzschwelle werden vernachlässigt (z. B. ist das Modell eines Basaltgangs im Meozoikum des Norddeutschen Beckens wenig wahrscheinlich). Auch die petrophysikalischen Parameter treten nur innerhalb bestimmter Grenzen und für jeden Größenbereich und jede Substanz mit einer ganz bestimmten Wahrscheinlichkeit auf. Durch die Interpretation einer bestimmten Teilmenge von geophysikalischer Information wird die A-priori-Verteilung der Wahrscheinlichkeit der geologischen Modelle zu einer A-posteriori-Verteilung, d. h. einer nach Berücksichtigung dieser Information gültigen Verteilung, präzisiert. Dabei wird festgestellt, daß sich eine Reihe von ehemals möglichen geologischen Modellen nicht mit dem gemessenen Feld vereinbaren läßt. Für andere Modelle steigt die Wahrscheinlichkeit.

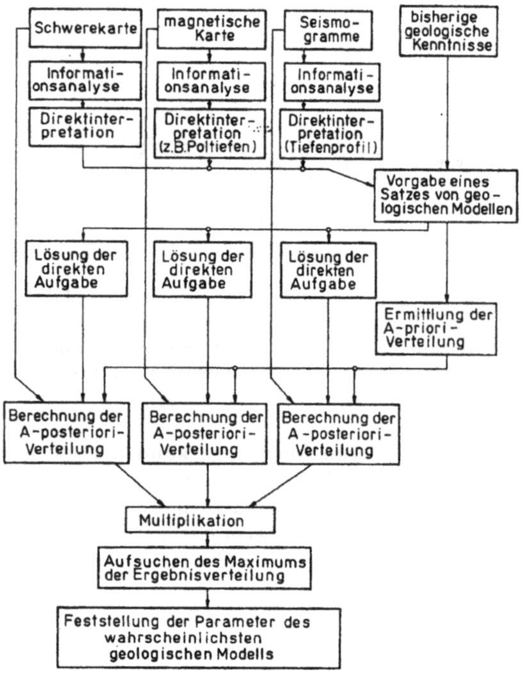

Abb. 11. Komplexinterpretation

Infolge des begrenzten Auflösungsvermögens der speziellen Untersuchungen (u. a. wegen der Unvollständigkeit der Information des Meßergebnisses) kann die Auswirkung von geringfügigen Veränderungen der Modellparameter nicht unterschieden werden. Die Zahl der möglichen geologischen Modelle hat sich verkleinert. Wenn die A-posteriori-Verteilung nach Ausführung der Interpretation nun wieder als A-priori-Verteilung für die Interpretation einer anderen Teilmenge geophysikalischer Information verwendet wird, kann eine weitere Verkleinerung der Zahl der möglichen Modelle erreicht werden usw. Die Realisierung dieser Vorstellung führt auf die mehrfache Anwendung des vorgelegten stochastischen Interpretationsalgorithmus.

Ausgehend von den eingangs betrachteten Fragen kann die Lösung des Problems der Komplexinterpretation noch weiter präzisiert werden: Die Menge der wahrscheinlichsten Modelle eines Untersuchungsgebiets ist gleich dem Durchschnitt der Mengen von geologischen Modellen, die sich mit den jeweiligen Teilmengen geophysikalischer Information vereinbaren lassen. Es genügt demnach, die durch Interpretation der einzelnen Teilmengen geophysikalischer Information erhaltenen A-posteriori-Verteilungen der Wahrscheinlichkeit der geologischen Modellparameter miteinander zu multiplizieren. Das Produkt ist die Wahrscheinlichkeitsverteilung der Parameter des geologischen Modells unter der Bedingung, daß das Modell gleichzeitig mit allen Teilmengen geophysikalischer Information vereinbart werden kann.

Ein Schema für einen Algorithmus der quantitativen Komplexinterpretation zeigt Abb. 11. Anschließend soll noch darauf hingewiesen werden, daß auf der gleichen Grundlage schon eine Informationsverknüpfung auf der ersten Stufe der Interpretation, bei der Informationsanalyse, möglich ist.

Zusammenfassung

Die Interpretation der Daten geophysikalischer Untersuchungen stellt seit einiger Zeit eine besondere Problematik der Erkundungsgeophysik dar. Sie ist verbunden mit dem Übergang von vorwiegend qualitativer zu weitgehend quantitativer Interpretation. Ein spezieller Faktor der Objektivierung dieses Prozesses bildet der systematische Einsatz der Komplexinterpretation. Ausgehend von den allgemeinen Gesetzmäßigkeiten des Erkenntnisprozesses der geophysikalischen Erkundung wird versucht, auf der Grundlage der Informationstheorie einen Beitrag zur Interpretationsmethodik zu geben.

Die systematische Analyse der Gesetzmäßigkeiten des Interpretationsprozesses stellt zugleich eine wichtige Voraussetzung für den Aufbau einer optimalen Erkundungsmethodik dar. Das gilt in erhöhtem Maße für Komplexinterpretation und komplexe Erkundung.

Резюме

Интерпретация данных геофизических исследований является с некоторого времени особой проблемой разведочной геофизики. Она связана с переходом от преимущественно качественной к главным образом количественной интерпретации. Особым фактором объективизации этого процесса является систематическое использование комплексной интерпретации. Исходя из общих закономерностей процесса познавания в геофизической разведке делается попытка внести вклад в методику интерпретации.

Систематический анализ закономерностей процесса интерпретации представляет собой одновременно важную предпосылку для построения оптимальной разведочной методики. Это особенно важно для комплексной интерпретации и комплексной разведки.

Summary

For some time past, special problems have been discussed in exploration geophysics in connection with the interpretation of data obtained by geophysical investigations. They are associated with the transition from a mainly qualitative interpretation to a widely quantitative one. A special factor of objectivation of this process is formed by the systematic uses of complex interpretation. On the basis of universal regularities involved in the process of cognition of geophysical exploration an attempt is made to contribute to the technique of interpretation by means of the theory of information.

At the same time, a systematic analysis of regularities of the process of interpretation represents an important prerequisite for developing an optimum technique of exploration. This to a major degree applies to the complex interpretation and exploration.

Literatur

CELMINS, A.: Direkte Verfahren zur Auswertung von Schweremessungen zweidimensionaler Massenverteilung. – Geofisica pura e applicata, 38, 81–122 (1957).
CHALFIN, L. A.: Informationstheorie der Interpretation geophysikalischer Untersuchungen. – Dokl. AN SSSR 1958, 6, 1007–1010 (1958).
GLADKIJ, K. W.: Gravimetrische und magnetische Erkundung. – Moskau 1967.
KALININA, T. B., & F. M. GOLZMANN: Ein statistischer Algorithmus für die Interpretation und seine Anwendung bei der Lösung der umgekehrten Aufgabe der magnetischen Erkundung. – Fisika semli, 7, 50–60, Moskau 1967.
KLAUS, G.: Kybernetik und Erkenntnistheorie. – Berlin 1966.
PESCHEL, G.: Methodische Probleme geophysikalischer Untersuchungen in der Feldarchäologie. – Unveröff. Diss., Leipzig 1968.

Existiert die Bergwerksrente in der sozialistischen Wirtschaft?

FRIEDRICH STAMMBERGER, Berlin

1. Bedeutung des Problems für die Gestaltung des ökonomischen Systems der Montanwirtschaft

Untersuchungen zur theoretischen Begründung für die Einführung von Vorratspreisen haben sehr deutlich gemacht, daß in solchen Bereichen, die es mit Naturverhältnissen und -bedingungen zu tun haben, die Erzeugung gleicher Produktenmengen auf Grund unterschiedlicher natürlicher Verhältnisse verschieden großen Aufwand erfordert. Anders ausgedrückt: Infolge unterschiedlicher natürlicher Verhältnisse ist die Produktivität der Arbeit verschieden, bei günstigeren natürlichen Bedingungen ist sie höher, bei ungünstigeren niedriger. Bleibt dieser Umstand unbeachtet, sind Fehlentscheidungen und -beurteilungen dann unvermeidlich, wenn nur das Arbeitsergebnis mit dem Arbeitsaufwand eines Kollektivs verglichen wird.

Diese Untersuchungen haben uns folglich an die keineswegs neue Frage herangeführt, ob es unter sozialistischen Produktionsverhältnissen a) noch eine Differentialrente gibt und b) wie sie bzw. die geschilderte Situation unter unseren Verhältnissen ökonomisch zu beherrschen ist.

Diese Probleme werden seit vielen Jahren in der UdSSR und anderen sozialistischen Ländern — darunter auch in der DDR — diskutiert. Dabei haben sich sowohl in der UdSSR als auch in der DDR zwei Hauptlager herausgebildet: Die eine Gruppe vertritt den Standpunkt, daß auch im Sozialismus die Differentialrente[1]) weiterexistiert (mit Unterschieden in der Auffassung über die konkrete Art ihrer Wirkungsweise); die andere Gruppe bestreitet entschieden, daß es im Sozialismus überhaupt noch eine Differentialrente geben kann.

Da die richtige Entscheidung in dieser Grundfrage unmittelbaren Einfluß auf die Ermittlung des Preises für natürliche mineralische Rohstoffvorräte besitzt (in die Berechnungsformeln einiger sowjetischer Wissenschaftler — z. B. L. P. KOBACHIDSE — geht die Rente der Lagerstätte unmittelbar ein), ist es für unsere methodischen Arbeiten zweckmäßig und notwendig, auch dem Problem der Differentialrente die erforderliche Aufmerksamkeit zu erweisen. Dabei ist die resumierende Formulierung der theoretischen Ausgangsposition — d. h. des Standpunkts der marxistischen Klassiker[2]) — für die Beurteilung und das Verständnis der von einzelnen Wissenschaftlern formulierten Positionen ebenso vorteilhaft wie zur objektiven Meinungsbildung über konkrete Vorschläge zur Berücksichtigung dieses Komplexes bei der Preisbildung für Lagerstättenvorräte notwendig.

2. Das Wesen der Differentialrente[3])

Werden zwei gleiche Mengen Kapital und Arbeit auf zwei gleichgroße Bodenflächen angewandt und zeigt sich, daß das jeweils erhaltene Produkt sich vom anderen unterscheidet, kann sich die Differenz nur aus der unterschiedlichen Bodenqualität, der verschiedenen Bodenfruchtbarkeit ergeben. Werden die Produkte zu gleichen Preisen (dem Marktpreis) verkauft, wird durch das mengenmäßig größere Produkt eine größere Einnahme und — in beiden Fällen Gewinn vorausgesetzt — ein größerer Gewinn erzielt.

Halten wir zunächst fest, daß dieser höhere Gewinn an eine Naturbedingung (größere Fruchtbarkeit) gebunden ist und durch die Existenz eines einheitlichen, auf besondere Art bestimmten Marktpreises für alle Produkte der gleichen Art realisiert wird.

Analog zur Bodenfruchtbarkeit ist bei Lagerstätten mineralischer Rohstoffe die durch unterschiedliche Qualität des anstehenden Rohstoffs verursachte Ertragsfähigkeit zu sehen. Zur Ertragsfähigkeit tragen jedoch auch andere natürliche Bedingungen bei, die die Produktivität der Arbeit positiv beeinflussen (z. B. Teufe, Mächtigkeit der Lager oder Gänge u. a.). Ökonomische Vorteile, die sich durch die Lage der Lagerstätte im Hinblick auf die Verbraucher des geförderten Rohstoffs ergeben, können für unsere Verhältnisse in der DDR zunächst vernachlässigt werden. (Zunächst, denn für eine Reihe Rohstoffe, z. B. die Steine und Erden, spielt sie eine sehr wesentliche Rolle, ebenso für Grundwasser.)

Wenn die Frage beantwortet werden soll, ob die Differentialrente eine für den Kapitalismus und Sozialismus gleichermaßen gültige objektive Kategorie ist, erscheint es sinnvoll, die Genesis der Differentialrente näher zu untersuchen.

In seiner Schrift „Die Agrarfrage und die Marxkritiker" (1901) hat W. I. LENIN sehr nachdrücklich darauf hingewiesen, daß sich in der kapitalistischen Gesellschaft aus der Beschränktheit der Bodenfläche die Monopolisierung des Bodens ergibt, „jedoch des Bodens als eines Objekts der Wirtschaft, nicht aber als eines Objekts des Eigentumsrechts". Wir haben es — wie LENIN formuliert — „mit einem zwiefachen Monopol zu tun".

> „Das Monopol des Grundbesitzes auf der Grundlage des Eigentumsrechts und das Monopol der Bodenbewirtschaftung sind nicht nur logisch, sondern auch historisch ganz verschiedene Dinge."

Das Monopol des Grundbesitzes ist — wie LENIN hervorhob — „für die kapitalistische Gesellschaft und die kapitalistische Organisation der Landwirtschaft nicht notwendig". Das eine Monopol ist mit dem anderen

Eingang des Manuskripts in der Redaktion: 22. 12. 1970.

[1]) Im „Wörterbuch der Ökonomie" (Dietz Verlag 1969) z. B. wird von der Differentialrente als einer objektiven Kategorie des Kapitalismus und des Sozialismus gesprochen.

[2]) Die marxistischen Klassiker haben das Wesen der Rente bekanntlich vor allem am Beispiel der Bodenrente dargestellt. Ihre Untersuchungen haben sie jedoch davon überzeugt, daß die erhaltenen Ergebnisse grundsätzlich auch für die Bergwerksrente u. ä. gültig sind.

[3]) Die sich ergebenden Vorteile aus besonderer Fruchtbarkeit und Lage werden von MARX als Differentialrente I bezeichnet. Die Differentialrente II, die sich aus dem unterschiedlichen Einsatz von Kapital auf die gleiche Bodeneinheit ergibt, hat für die von uns hier zu untersuchende Frage lediglich vernachlässigbare Bedeutung. Die absolute Grundrente wird hier überhaupt nicht betrachtet.

auch „nicht untrennbar verbunden, weder logisch noch historisch". Denn auch staatliches und anderes Grundeigentum kann — wie die Wirklichkeit zeigt — gepachtet und kapitalistisch bewirtschaftet werden. Dieses Monopol des Grundbesitzes führt lediglich zur Herausbildung der sogenannten absoluten Grundrente. Das Monopol der Bewirtschaftung entspringt ebenfalls der Beschränktheit des Bodens und führt in der kapitalistischen Gesellschaft unvermeidlich zur Differentialrente, weil unter diesen Verhältnissen z. B. „der Getreidepreis nicht durch die Produktionsbedingungen auf dem Boden mittlerer Qualität, sondern durch solche auf dem schlechtesten bebauten Boden bestimmt wird" (LENIN). Die herrschenden Besitzverhältnisse am Grund und Boden sind nicht Ursachen der Entstehung der Differentialrente, sie bestimmen lediglich, wer zum Nutznießer der entstandenen Differentialrente in der kapitalistischen Gesellschaft wird.

Die marxistische Auffassung zur Genesis der Differentialrente im Kapitalismus bedarf somit nicht der Erörterung der Besitzverhältnisse — Großgrundbesitz, kapitalistische oder staatliche; diese werden erst dann bedeutungsvoll, wenn untersucht wird, wer zum Nutznießer dessen wird, was als überschüssiger Profit, als „Surplusprofit, der durch Kapitalanlage auf dem besten Boden oder durch produktivere Kapitalanlage entsteht, die Differentialrente bildet" (LENIN).

2.1. K. Marx zur Differentialrente

Bei der Darlegung des marxistischen Standpunkts zur Differentialrente muß vom Gesamtprozeß der kapitalistischen Produktion ausgegangen werden, so wie er vor allem in Bd. III des „Kapitals" von MARX untersucht wurde. Das Zusammenwirken und die Wechselwirkungen der in Bd. I und II des „Kapitals" beschriebenen Faktoren und ökonomischen Gesetze führt zu einem Gesamtbild, zu dessen Analyse und Erforschung von MARX eine Reihe neuer Begriffe eingeführt bzw. entwickelt wurde, deren Bedeutung zum Verständnis der Darlegungen zur Differentialrente als bekannt vorausgesetzt werden muß.

MARX erläuterte die Differentialrente[4]) wie folgt:

„Die Differentialrente entspringt aus dem für den jedesmal gegebenen Entwicklungsgrad der Kultur gegebenen Unterschied in der natürlichen Fruchtbarkeit der Bodenart (hier noch abgesehn von der Lage), also aus dem beschränkten Umfang der besten Ländereien und dem Umstand, daß gleiche Kapitale angelegt werden müssen auf ungleiche Bodenarten, die also für dasselbe Kapital ungleiches Produkt abwerfen" („Kapital", III, S. 709).

Da kein Kapitalist sein Kapital dort anlegen würde, wo er weniger als den durchschnittlichen Profit erwartet, und das Problem bei kapitalistischen Normalbedingungen erklärt werden muß (d. h. ohne die bei bürgerlichen Ökonomen beliebten „klugen" und weniger klugen Kapitalisten, von denen der eine den anderen übers Ohr haut), muß davon ausgegangen werden, daß

a) der auf dem schlechtesten Boden wirtschaftende Kapitalist den Durchschnittsprofit erhält, die Kapitalisten auf besserem Boden infolge der größeren Fruchtbarkeit bei gleicher Kapitalgröße folglich einen Surplusprofit erwirtschaften;

b) der auf dem schlechtesten Boden arbeitende Kapitalist den Durchschnittsprofit nur dann erhalten kann, wenn sein Produktionspreis (d. h. sein übertragener Kapitalvorschuß plus Durchschnittsprofit) den Marktpreis bestimmt.

MARX formulierte daher die unter kapitalistischen Produktionsverhältnissen unerläßliche Bedingung: „Der Produktionspreis des schlechtesten, keine Rente tragenden Bodens ist stets der regulierende Marktpreis ..." (a. a. O.).

MARX entwickelte zur Erläuterung der Genesis der Differentialrente ein Modell mit folgenden Elementen:

1. Vier Kapitalisten setzen auf unterschiedlichen Böden ein gleiches Kapital ein (z. B. 50 Mark).
2. Der Durchschnittsprofit ist gegeben (er betrage 10 Mark).
3. Die Fruchtbarkeit der Böden A, B, C und D unterscheidet sich so, daß auf A 1 Tonne, auf B 2 Tonnen, auf C 3 Tonnen und auf D 4 Tonnen mit gleichem Aufwand hergestellt werden können.
4. Der Marktpreis wird durch den Produktionspreis von A bestimmt.

Dann ergibt sich:

Tabelle 1

Bodenart	Kapitalvorschuß	Durchschn.-Profit	erhalt. Produkt		tatsächl. Profit		Differentialrente	
	in Mark	in Mark	in t	in Mark	in t	in M	in t	in M
A	50	10	1	60	$^1/_6$	10	–	–
B	50	10	2	120	$1^1/_6$	70	1	60
C	50	10	3	180	$2^1/_6$	130	2	120
D	50	10	4	240	$3^1/_6$	190	3	180
Insgesamt:			10	600			6	360

Auf der Bodenart A entsteht folglich keine Differentialrente, auf den Böden B, C und D wird dagegen ein Surplusprofit und damit Differentialrente erzeugt. Die produzierten 10 Tonnen haben tatsächlich einen Produktionspreis von nur 240 Mark (200 Mark Kapitalvorschuß plus 40 Mark Durchschnittsprofit). Verkauft werden sie zu 600 Mark, d. h. zweieinhalb mal so teuer. „Der wirkliche Durchschnittspreis" — resumiert MARX — für 1 Tonne ist 24 Mark; der Marktpreis dagegen 60 Mark, „ebenfalls 250% zu teuer". MARX erläutert dieses Phänomen:

„Es ist dies die Bestimmung durch den Marktwert, wie er sich auf Basis der kapitalistischen Produktionsweise vermittelst der Konkurrenz durchsetzt; diese erzeugt einen falschen sozialen Wert. Dies entspringt aus dem Gesetz des Marktwerts, dem die Bodenprodukte unterworfen werden. Die Bestimmung des Marktwerts der Produkte, also auch der Bodenprodukte, ist ein gesellschaftlicher Akt, wenn auch ein gesellschaftlich unbewußt und unabsichtlich vollzogener, der mit Notwendigkeit auf dem Tauschwert des Produkts beruht, nicht auf dem Boden und den Differenzen seiner Fruchtbarkeit" („Kapital", III, S. 711).

Für die von uns untersuchte Frage — ist die Differentialrente eine objektive Kategorie des Sozialismus? — erscheinen aus dieser Formulierung einige Elemente besonders aussagekräftig:

1. Die Differentialrente ergibt sich daraus, daß die Bodenprodukte der Bestimmung durch den Marktwert unterworfen werden, „wie er sich auf Basis der kapita-

[4]) Wir beschränken uns bewußt auf die für uns bedeutungsvolle Differentialrente I.

listischen Produktionsweise vermittelst der Konkurrenz durchsetzt".

2. Die Bestimmung des Marktwerts der Bodenprodukte ergibt sich mit Notwendigkeit nicht aus dem Charakter des Bodens und den Unterschieden seiner Fruchtbarkeit, sie ergibt sich als gesellschaftlicher Akt aus der kapitalistischen Form der Gesellschaft und des für sie gültigen Tauschwerts des Produkts.

3. Welche Besonderheit hat dieser Tauschwert „ab einer bestimmten Höhe kapitalistischer Entwicklung"? Wie MARX im III. Bd. des „Kapitals" dargelegt hat, darin, daß der Austausch der Waren nicht mehr zu ihren Werten, sondern zu ihren Produktionspreisen erfolgt.[5]) Es ist notwendig, „die Werte der Waren nicht nur theoretisch, sondern historisch als das prius der Produktionspreise (das ihnen Vorangehende; F. ST.) zu betrachten". Bei der Betrachtung der Genesis der Differentialrente ist es jedoch unzulässig, bei dem „Vorangehenden" stehenzubleiben oder von ihm auszugehen.

Wenn der durch die kapitalistische Produktionsweise bestimmte Marktwert letztlich zur Differentialrente führt, wenn sich diese nicht zwangsläufig aus der Bodenart und den Fruchtbarkeitsunterschieden ergibt, besteht offenbar kein Grund, die Differentialrente als objektive Kategorie des Sozialismus anzuerkennen.

Ein wichtiges Argument für diese Schlußfolgerung ist der von MARX selbst formulierte Standpunkt:

„Denkt man sich die kapitalistische Form der Gesellschaft aufgehoben und die Gesellschaft als bewußte und planmäßige Assoziation organisiert, so stellten die 10 Quarters [6]) ein Quantum selbständiger Arbeitszeit vor, gleich dem, das in 240 Schilling [6]) enthalten ist. Die Gesellschaft würde also dies Bodenprodukt nicht erkaufen zu dem $2^1/_2$fachen der wirklichen Arbeitszeit, die darin steckt ..." („Kapital", III, S. 711).

Damit würde in einer solchen Gesellschaft jedoch überhaupt keine Differentialrente — die in unserem Modell 360 M, also die von MARX kritisierte Differenz, ausmachte und zu einem „falschen sozialen Wert" führte — entstehen und existieren können.

Die hier gezogenen Schlußfolgerungen werden von einigen Wissenschaftlern und Praktikern bei uns und in der UdSSR nicht anerkannt. Sie haben dafür unterschiedliche Argumente; hier seien nur zwei betrachtet:

2.2. Analyse einiger Argumente für die Existenz der Differentialrente im Sozialismus

Einige sowjetische Wissenschaftler haben auf die bekannte Formulierung W. I. LENINs hingewiesen, daß die Differentialrente, im Unterschied zur absoluten Grundrente, „ganz unabhängig vom Bestehen des Eigentums am Grund und Boden und von der Form des Grundbesitzes" ist[7]) (S. 296).

Da LENIN diese Formulierung jedoch im Zusammenhang mit dem Problem der Nationalisierung des Bodens im zaristischen Rußland gebrauchte, ist die Ausweitung dieses Standpunkts auf die sozialistische Gesellschaft nicht zulässig. Dies um so mehr, als auch der zitierte Teil des Satzes (der losgelöst als Argument verwendet wird) durch einen Hinweis auf die kapitalistische Wirtschaft eingeleitet wird. Worüber LENIN wirklich spricht und wie er tatsächlich zur Differentialrente steht, könnte durch Dutzende von Zitaten gezeigt werden, die allesamt die obenerwähnte Fehlinterpretation widerlegen. Wir beschränken uns auf zwei:

„Die Differentialrente entsteht zwangsläufig bei kapitalistisch betriebener Landwirtschaft, selbst bei vollständiger Aufhebung des Privateigentums am Grund und Boden." ... „Es ist unmöglich, diese Rente abzuschaffen, solange die kapitalistische Produktionsweise besteht" (S. 296).

Und ebenso eindeutig auf der gleichen Seite:

„Die Differentialrente ist somit zwangsläufig jeder kapitalistischen Landwirtschaft eigen, die absolute Grundrente dagegen nicht jeder, sondern nur unter der Voraussetzung des Privateigentums am Grund und Boden ..."

Dieser von LENIN in den Auseinandersetzungen mit den Vertretern bürgerlicher und kleinbürgerlicher Anschauungen entwickelte Standpunkt stimmt völlig mit dem von MARX formulierten Hinweis überein, der über das von LENIN behandelte Thema noch hinausreicht und sich eindeutig auf die nichtkapitalistische Produktionsweise bezieht:

„So richtig es daher ist zu sagen, daß — die jetzige Produktionsweise beibehalten, aber vorausgesetzt, daß die Differentialrente dem Staate zufiele — die Preise der Bodenprodukte bei sonst gleichbleibenden Umständen dieselben bleiben würden, so falsch ist es zu sagen, daß der Wert der Produkte derselbe bliebe bei Ersetzung der kapitalistischen Produktion durch Assoziation" („Kapital", III, S. 712).

Ein Vertreter der Existenz der Differentialrente im Sozialismus ist im Bereich der Geologie auch M. GEBHARD. In seiner Promotionsschrift (an der Bergakademie Freiberg) argumentiert er wie folgt:

a) Zu dem von uns zitierten Standpunkt („Kapital", III, S. 711—712) von MARX stellt er zunächst fest, daß MARX von der Beseitigung der kapitalistischen Warenproduktion erwartete, daß damit „die Warenproduktion überhaupt aufhört zu existieren. Damit wäre es notwendig gewesen, den Aufwand in Arbeitszeit zu messen".

b) Da jedoch die sozialistische Warenproduktion existiert, müssen in ihr „ebenfalls einheitliche Preise für Produkte existieren, die unter verschiedenen natürlichen Bedingungen hergestellt werden".

c) „Die volkseigenen Bergbaubetriebe als sozialistische Warenproduzenten, die zu anderen sozialistischen Betrieben Austauschbeziehungen herstellen, verfügen, wenn sie unter günstigen natürlichen Bedingungen arbeiten, ebenfalls über ein Naturmonopol. Wenn ein einheitlicher Preis wirklich den Maßstab des Aufwands für jeden sozialistischen Betrieb darstellen soll, müßte er auf der Grundlage des Aufwands des Betriebs (der Betriebe) festgelegt werden, die unter den relativ ungünstigsten Bedingungen arbeiten, deren Produkt jedoch für die Bedarfsdeckung noch notwendig ist. Autor (M. GEBHARD) bejaht deshalb die Existenz einer Differentialrente unter sozialistischen Bedingungen."

d) GEBHARD schreibt ihr unter sozialistischen Bedingungen einen „prinzipiell anderen gesellschaftlichen Inhalt" zu: „Nutznießer dieser Differentialrente ist der

---

[5]) „Der Austausch von Waren zu ihren Werten, oder annähernd zu ihren Werten, erfordert also eine viel niedrigere Stufe als der Austausch zu Produktionspreisen, wozu eine bestimmte Höhe kapitalistischer Entwicklung nötig ist" („Kapital", III, S. 202).

[6]) In unserem Beispiel: Tonnen und Mark.

[7]) „Das Agrarprogramm der Sozialdemokratie in der ersten russischen Revolution von 1905—1907".

sozialistische Staat als Sachwalter des Volkseigentums und damit die gesamte Gesellschaft."

Diese Argumente sind offensichtlich weder überzeugend, noch widerlegen sie theoretisch die Schlußfolgerungen unter 2.1.:

Zu a): Obwohl MARX ebenso wie wir alle davon ausgehen, daß wir in der von ihm vorausgesehenen Assoziation freier Menschen ohne die Kategorie Ware auskommen werden, existiert gegenwärtig zweifellos noch eine sozialistische Warenproduktion, d. h. u. a. eine planmäßig organisierte, eine geplante Warenproduktion, wobei auch die Preise der Waren planmäßig unter Berücksichtigung der ökonomischen Gesetze festgelegt werden; offensichtlich ist das keine ausreichende Begründung dafür, daß die Differentialrente weiterexistieren muß. Denn dazu wäre — wie in 2.1. gezeigt wurde — notwendig, daß

1. ein sich aus der Konkurrenz der kapitalistischen Produktion ergebender Marktwert vorliegt, dem auch die Bergbauprodukte unterworfen werden, und

2. sich der Marktpreis — als einheitlicher Preis — als gesellschaftlicher Akt auf der Basis der kapitalistischen Produktionspreise herausbildet.

Zu b): Natürlich müssen die Preise für gleichwertige Produkte, die unter verschiedenen natürlichen Bedingungen hergestellt werden, dennoch einheitlich sein. Weshalb dieser einheitliche Preis bei planmäßiger Preisbildung angeblich nur auf der Grundlage des Aufwands des Betriebs festgelegt werden kann, der „unter den relativ ungünstigsten natürlichen Bedingungen arbeitet", ist allerdings nicht einzusehen.

Zu c): Aus der Notwendigkeit, einen einheitlichen Preis für Produkte zu schaffen, die unter unterschiedlichen natürlichen Bedingungen hergestellt wurden, zwangsläufig eine Existenz der Differentialrente abzuleiten und den Preisbildungsprozeß der kapitalistischen Produktionsweise — Produktionspreis bei ungünstigsten Bedingungen bestimmt Marktpreis — als gültig für den Sozialismus abzuleiten, ist nicht nur unbegründet, es orientiert falsch, weil es zu einem „falschen sozialen Wert" auch im Sozialismus führen würde. Außerdem berücksichtigt diese Schlußfolgerung in keiner Weise die sehr konkreten Vorschläge von MARX selbst:

a) Bekanntlich hat MARX für das unter 2.1. angeführte Modell formuliert, daß „der wirkliche Produktionspreis" bei A — 60 Mark[8]), bei B — 30 Mark, bei C — 20 Mark und bei D — 15 Mark beträgt.

b) Der Durchschnitt für alle 10 produzierten Tonnen macht — als gewogener Durchschnitt — 24 Mark aus (auf der Grundlage der kapitalistischen „wirklichen Produktionspreise").

c) Warum kann dieser Durchschnitt von 24 Mark nicht als einheitlicher Preis dienen? Weil er den tatsächlichen Aufwand nicht mißt, der 60, 30, 20 und 15 Mark beträgt? Die planmäßige Preisbildung im Sozialismus gestattet es, auch objektiv wirkende Faktoren — wie Naturbedingungen — zu berücksichtigen, ohne Zuflucht zu einem „falschen sozialen Wert" zu nehmen, wie das am obeneingeführten Modell gezeigt werden kann:

Um unterschiedliche natürliche Bedingungen im einheitlichen Preis zu berücksichtigen und die Preise zum Maßstab des tatsächlichen Aufwands zu machen, genügt es offenbar, vom Durchschnitt auszugehen und die Unterschiede in den natürlichen Bedingungen

Tabelle 2

Bodenart	Produktmenge	Produktionspreis	Differenz zum Durchschnitt (24 Mark)	
	(t)	einer t in Mark	+	–
A	1	60	1 · 36 = 36	
B	2	30	2 · 6 = 12	
C	3	20		3 · 4 = 12
D	4	15		4 · 9 = 36
	10	∅ 24	+ 48	– 48

durch Zu- und Abschläge (Stützungen und Sonderabführungen) zu berücksichtigen.

Tatsächlich verfahren wir in der DDR so und nicht anders.[9]) Es ist unerfindlich, weshalb für die volkseigenen Bergbaubetriebe andere ökonomische Gesetze und Regelungen gelten sollen als für die volkseigenen Staatsgüter.

Selbst in einer Gesellschaft wie unserer, in der der Aufwand noch nicht direkt in Arbeitszeit gemessen wird, die Arbeitskraft jedoch schon keine Ware mehr ist, Grund und Boden schon keine Spekulationsobjekte (Lagerstätten an Bodenschätzen bereits Volkseigentum) sind und die Produktionsmittel nicht entgegen den gesellschaftlichen Bedürfnissen erworben und genutzt werden können, in einer Gesellschaft mit planmäßig organisierter Warenproduktion und planmäßiger Festlegung der Preise bedarf es somit keiner Analogie „des falschen sozialen Wertes" für Bergbauprodukte, um die Problematik zu beherrschen. Die sozialistische Gesellschaft hat zur Berücksichtigung unterschiedlicher Produktivität auf Grund verschiedener natürlicher Bedingungen ausreichende andere Möglichkeiten. Denn einheitliche Preise werden im Sozialismus planmäßig unter Berücksichtigung der ökonomischen Gesetze gebildet. Das unterscheidet grundsätzlich die sozialistische Preisbildung von der kapitalistischen, die sich auf der Grundlage der Konkurrenz über den Marktwert vollzieht. Diese anderen Preise im Sozialismus sind dabei keine Folge voluntaristischer Bestrebungen; sie ergeben sich letztlich daraus, daß sich — wie MARX formulierte — der Wert der Produkte „bei Ersetzung der kapitalistischen Produktion durch Assoziation" verändert hat.

Abschließend noch eine kurze Bemerkung zum „Naturmonopol", das nach M. GEBHARD unsere volkseigenen Betriebe besitzen, „wenn sie unter günstigen natürlichen Bedingungen arbeiten". GEBHARD meint hier offenbar das Monopol der Bewirtschaftung, das sich aus der Beschränktheit der Lagerstätten mit günstigen natürlichen Bedingungen ergibt. Er will zum Ausdruck bringen, daß nur ein Betrieb (oder wenige) diese günstigen Bedingungen in seiner Lagerstätte vorfindet, dadurch eine Sonderstellung gegenüber den anderen Betrieben einnimmt, eben ein Monopol — den Alleinbesitz — hat.

Diese Betrachtungsweise kann schwerlich akzeptiert werden:

a) Erstens „besitzt" nicht der betreffende Betrieb die günstige Lagerstätte; sie ist Volkseigentum, und der

[8]) Bei MARX im Original statt Mark — Schilling.

[9]) Siehe Fußnote auf S. 444 in „Politökonomie des Sozialismus und ihre Anwendung in der DDR".

Betrieb bewirtschaftet sie lediglich im Auftrag der Gesellschaft.

b) Zweitens besitzt der Betrieb (bzw. bewirtschaftet er) kein Monopol, sondern lediglich besonders günstige Produktionsbedingungen. Ein wirkliches Monopol setzt voraus, daß der Monopolbesitzer auf Grund seiner Sonderstellung im Vergleich zu den Kapitalisten des gleichen Industriezweigs und gegenüber der Gesellschaft einen Surplusprofit erzwingen kann, der „Gesellschaft einen Tribut auferlegen kann" (J. KÖHLER). Das alles trifft für einen beauftragten Bewirtschafter von Volkseigentum eindeutig nicht zu. Die Gesellschaft braucht für das, was ihr gehört, selbstverständlich keinen Tribut zu zahlen.

c) Die besonders ungünstigen bzw. günstigen natürlichen Produktionsbedingungen eines bestimmten Betriebs müssen vielmehr durch Stützungen und Sonderabführungen bei einheitlich gültigen Preisen berücksichtigt werden, ohne daß eine Differentialrente entsteht oder die Gesellschaft insgesamt einen Zuschuß an den Bergbau (Tribut!) leisten müßte.

3. Schlußfolgerungen für die praktische Arbeit bei der Festlegung von Vorratspreisen

Wie gezeigt werden konnte, werden nach Beseitigung der kapitalistischen Produktionsweise und ihrer Ablösung durch die sozialistische der wirkliche Wert und auch der Preis der Gesamtmasse der Bergbauprodukte nicht durch die schlechtesten Produktionsbedingungen eines Betriebs bestimmt, sondern ebenso wie in der übrigen Industrie — wo ja ebenfalls die Arbeitsproduktivität in den einzelnen Betrieben unterschiedlich ist — durch die durchschnittlichen Bedingungen. Die Berücksichtigung objektiver ungünstiger und günstiger Produktionsbedingungen steht generell, nicht nur im Bergbau. Eine Differentialrente muß im Sozialismus — im Unterschied zur kapitalistischen Produktion — nicht notwendigerweise entstehen.

Unabhängig von der Nichtexistenz einer Differentialrente wäre es denkbar, daß aus irgendwelchen Beweggründen der einheitliche Preis für Bergbauprodukte unter Zugrundelegung des Produktionsaufwands bei ungünstigen Bedingungen planmäßig festgelegt wird. (Das könnte ebenso in einem beliebigen anderen Industriezweig gemacht werden.) GEBHARD möchte derart festgelegte Preise als Höchstpreise verstanden wissen, wobei er eine Rückerstattung der nach s. M. erwirtschafteten „Differentialrente" an den Staat vorsieht. Im Modell (Tab. 1) würde sich das in einem Gesamtpreis von 600 Mark für 10 Tonnen ausdrücken, wobei 360 Mark als Differentialrente an den Staat abzuführen wären.

Der (moralische) Vorteil einer solchen Regelung könnte bestenfalls darin gesehen werden, daß

a) auch die Betriebe in A und B ohne Stützungen arbeiten würden,

b) die Betriebe in B, C und D eine (unterschiedliche) Sondergewinnabführung (Rente) an den Staat vollziehen müßten.

c) GEBHARD sieht bei einer solchen Festlegung den für A festgelegten Preis als Höchstgrenze an, bei dessen Überschreitung — konstante Nachfrage unterstellt — die Produktion in A eingestellt werden sollte.

Der ökonomische Nachteil einer solchen Regelung besteht u. a. darin, daß

a) sich die Umlaufmittel außerordentlich vergrößern würden;

b) die Bergbauprodukte mit stark überhöhten Preisen in den anschließenden Verwertungsprozeß eingehen und das Endprodukt entsprechend verteuern würden;

c) wir nicht nur — wie J. KÖHLER feststellt — „an uns selbst zum $2^1/_2$fachen Preis verkaufen würden"; würde eine solche Preisbildung nur für den Bergbau festgelegt, würde dieser wie ein echter Monopolinhaber der übrigen Wirtschaft einen Tribut auferlegen (unabhängig davon, daß dieser „Tribut" nach den Vorschlägen GEBHARDS später an den Staat, die Gesellschaft, zurückfließt).

Der einheitliche Preis zum wirklichen Wert der Bergbauprodukte (dem gewogenen Durchschnitt) macht innerhalb des Industriezweigs eine differenzierte Umverteilung der Sondergewinne aus den Betrieben C und D notwendig, vermeidet jedoch die unter a—c aufgeführten Komplikationen und ergibt eine Reihe Vorteile bei der Lösung der in der Einleitung aufgezählten Schwierigkeiten.

Wenn der einheitliche Preis auf der Grundlage der ungünstigsten Bedingungen angeblich deshalb notwendig sein soll, um den Aufwand des Betriebs tatsächlich messen zu können (M. GEBHARD), so steht wohl fest, daß er nur den Aufwand des ungünstigsten Betriebs richtig wiedergeben kann, alle anderen spiegelt er falsch oder überhaupt nicht wider. Zusätzlich wirkt er in den Betrieben B, C und D als negativer oder fehlender ökonomischer Hebel, weil er die tatsächliche Leistung der Kollektive (B, C und D) viel zu gut erscheinen läßt, beruhigt, statt zu mobilisieren, und zwar bedeutend stärker als das bei der Orientierung auf den Durchschnitt (nämlich wie 1 : 4 statt 1 : 1,6 nach den Modellwerten) der Fall ist.

Wenn als einheitlicher Preis der Durchschnitt der Produktionspreise genommen wird und sich folglich Stützungen und Abführungen (eine Umverteilung eines Teils des Reineinkommens) notwendig machen, so können diese Stützungen und Abführungen so lange konstant bleiben, wie keine neuen Lagerstätten in Betrieb genommen bzw. die spezifischen Produktionsausstöße der Betriebe in A, B, C oder D nicht verändert werden. (Sonst würden sich eine Überprüfung und u. U. Veränderungen für diese Umverteilung ergeben.) Es erhebt sich die Frage: Welchen politökonomischen Charakter haben diese abzuführenden Sondergewinne auf Grund besserer natürlicher Produktionsbedingungen? Ist dies nicht auch eine Art Rente? Wenn unterstellt wird, daß die festzulegenden Zu- bzw. Abführungssätze für eine mehr oder weniger lange Zeit feststehen (Gültigkeit besitzen), ferner bei fixierter Produktionskapazität eine regelmäßig (jährlich oder quartalsweise) wiederkehrende Zahlung ist, so erwecken diese abzuführenden Sondergewinne tatsächlich an der Oberfläche des Geschehens den Eindruck, als entstünde eine Rente.[10]) Tatsächlich werden derartige Abführungssätze in der UdSSR sehr häufig als „Rentensätze" be-

[10]) Als Rente wird in der Umgangssprache gewöhnlich eine „regelmäßig wiederkehrende Zahlung eines festen Betrags auf Grund von Rechtsansprüchen oder auf Grund allgemeiner gesetzlicher Regelungen" verstanden (Wörterbuch der Ökonomie).

zeichnet. Dagegen ist grundsätzlich kaum etwas einzuwenden, weil

a) es selbstverständlich nicht um Bezeichnungen geht, sondern um den Inhalt, der — wie gezeigt wurde — bei diesen Sätzen wesentliche Unterschiede zur kapitalistischen Differentialrente aufweist. Praktisch müßte sonst für diese Sätze ein neuer Begriff ausgedacht werden.

b) Dabei sollte ferner nicht übersehen werden, daß diese Umverteilung der Surplusprofite in der sozialistischen Planwirtschaft praktisch in allen Industriezweigen dort notwendig wird, wo die unterschiedliche Arbeitsproduktivität in analogen Betrieben auf objektive, vom Kollektiv nicht beeinflußbare Faktoren zurückzuführen ist. Das ergibt sich zwangsläufig aus der marxistischen Auffassung zur Differentialrente:

„Unter Differentialrente verstehe ich den Größenunterschied der Rente — die größre oder kleinre Rente, die aus dem Unterschied der Fruchtbarkeit der Bodenarten herrührt. (...) Diese Differentialrente entspricht bloß den Surplusprofiten, die bei gegebnem Marktpreis oder richtiger Marktwert in jedem Industriezweig, zum Beispiel cottonspinning, der Kapitalist macht, dessen Produktionsbedingungen besser sind als die Durchschnittsbedingungen dieses bestimmten trade, denn der Wert der Ware einer bestimmten Produktionssphäre ist nicht bestimmt durch das Quantum Arbeit, das die einzelne Ware kostet, sondern das die Ware kostet, die unter den durchschnittlichen Bedingungen der Sphäre produziert ist" („Kapital", IV, 2. Teil, S. 233).

Mit der von sowjetischen Wissenschaftlern verwendeten Bezeichnung „Rente" werden faktisch von den in jedem Industriezweig in dieser Richtung wirksamen objektiven Faktoren (und den entspr. Fixsätzen) speziell jene erfaßt, die als Naturverhältnisse und -bedingungen auftreten.

Bisher wurden lediglich die abzuführenden Sondergewinne betrachtet. Wie sind die Zuführungen (Stützungssätze) für ungünstige natürliche Bedingungen politökonomisch zu verstehen? Ebenso wie die Schaffung der abzuführenden Sondergewinne kein „Verdienst" des betreffenden Betriebs, sondern das Ergebnis objektiv gegebener, überdurchschnittlich guter Produktionsbedingungen ist, genauso können die erforderlichen Zuführungen (Stützungen) nicht als Folge mangelhafter Arbeit des betreffenden Betriebs betrachtet werden. Sie sind objektiv notwendig wegen der unter dem Durchschnitt liegenden natürlichen Produktionsbedingungen. Sie können — verglichen mit den vorher betrachteten Sondergewinnen (die abzuführen sind) — als „Rente" mit umgekehrtem, d. h. negativem, Vorzeichen betrachtet werden.

Ist eine solche Betrachtung — die negative Größe der „Rente" — nicht widersinnig? Widerspricht sie nicht den elementarsten Forderungen einer marxistischen Betrachtungsweise? Keineswegs, denn MARX selbst operiert mit diesem Begriff (negative Größe der Differentialrente) dort, wo er die Differentialrente bei einem Marktwert untersucht, der kleiner als der individuelle Wert, aber größer als der Kostenpreis ist, und formuliert: „so (ist) die Differentialrente eine negative Größe". Offenbar liegt kein Grund vor, auf diesen widersprüchlich erscheinenden Begriff zu verzichten, wenn damit das Wesen der Sache sinnfälliger ausgedrückt werden kann.

Zusammenfassung

Nach MARX ergibt sich die Differentialrente mit Notwendigkeit nicht aus dem Charakter des Bodens und den Unterschieden seiner Fruchtbarkeit. Sie ergibt sich als gesellschaftlicher Akt mit Notwendigkeit aus der kapitalistischen Form der Gesellschaft und des für sie gültigen Tauschwerts des Produkts.

In unserer sozialistischen Gesellschaft gibt es weder ökonomische noch gesellschaftliche Bedingungen für die Entstehung der Differentialrente. In dieser Feststellung stimmt Verf. voll mit J. KÖHLER überein.

Aus dieser Situation folgt, daß in unserer Gesellschaft nicht der Aufwand bei den schlechtesten natürlichen Bedingungen den Marktwert bzw. einheitlichen Preis des Produkts bestimmen kann (kapitalistische Produktion: der Produktionspreis von A bestimmt den Marktpreis). Im Sozialismus wird der Wert (und der Preis) durch den durchschnittlichen Aufwand im Zweig bestimmt.

Bei einer solchen Bestimmung des einheitlichen Preises für einen bestimmten Gebrauchswert wird es notwendig, zur Berücksichtigung der objektiv vorhandenen Unterschiede bei den natürlichen Produktionsbedingungen differenzierte Sätze festzulegen, durch deren Einführung eine Umverteilung der Surplusprofite aus besonders guten Lagerstätten auf minder gut ausgestattete erfolgen kann.

Es besteht prinzipiell kein Grund, gegen die Bezeichnung „Rente" für diese Sätze einzutreten, wenn beachtet wird, daß sie weder Differentialrente sind noch als solche interpretiert werden können. Im Unterschied zur kapitalistischen Differentialrente, die sich nicht zwangsläufig aus dem Charakter des Bodens und den Unterschieden seiner Fruchtbarkeit ergibt, sind die von uns festzulegenden Sätze („Rente") direkt von diesen Unterschieden abhängig.

Es ist sicher am zweckmäßigsten, wenn diese Sätze für eine konkrete Vorratseinheit festgelegt werden und die Lagerstätte bei Übergabe zur Nutzung nicht nur in natura übergeben, sondern auch mit ihren Vorräten (zu ihren Vorratspreisen) in die produktiven Fonds des Bergbaubetriebs eingeht. Der dabei in Ansatz zu bringende Vorratspreis bestünde im wesentlichen aus dem Vorratspreis für den Erkunder plus/minus dem konkret festzulegenden „Renten"satz.

Резюме

По Марксу дифференциальная рента не вытекает неизбежно из характера почвы и различий ее плодородия. Она неизбежно вытекает как общественный акт из капиталистической формы общества и существующей для нее меновой стоимости продукта.

В нашем социалистическом обществе не существует ни экономических, ни общественных условий для возникновения дифференциальной ренты. Этот вывод автора полностью совпадает с выводом Й. КЁЛЕРА.

Из этой ситуации следует, что в нашем социалистическом обществе затраты при самых плохих природных условиях не могут определять рыночную цену или единую цену продукта (капиталистическое производство: цена производства для А определяет рыночную цену). В социализме стоимость (и цена) определяется средними затратами отрасли.

При таком определении единой цены для определенной потребительной стоимости необходимо установить, учитывая объективно имеющиеся различия относительно натуральных производственных условий, дифференцированные ставки, с введением которых может быть реализовано перераспределение сверхприбыли из особенно хороших месторождений на менее хорошие.

Принципиально не существует возражений против использования названия „рента" для этих ставок, если учесть, что они не только не являются дифференциальной рентой, но и не могут быть интерпретированы как таковая. В отличие от капиталистической дифференциальной ренты, которая не неизбежно вытекает из характера почвы и различия ее плодородия, установленные нами ставки („ренты") находятся в прямой зависимости от этих различий.

Zeitschrift für angewandte Geologie, Bd. 17 (1971), Heft 6

Очевидно, наиболее целесообразно, если эти ставки определяются для конкретной единицы запасов, и месторождения при их передаче к использованию передаются не только в натуре, но если также их запасы включаются (по их ценам запасов) в продуктивные фонды горного предприятия. Учитываемая при этом цена запасов состояла бы в основном из цены запасов для разведчика плюс/минус конкретно устанавливаемая ставка „ренты“.

Summary

According to MARX the differential rent does not result with necessity from the character of the soil and the differences of its fertility. It rather results as a social act with necessity from the capitalist form of society and the exchange value of the product valid for it.

In our socialist society there are neither economic nor social conditions providing a formation of the differential rent. The autor fully agrees with J. Köhler as far as this statement is concerned.

Hence it follows that in our society the market value and uniform price of the product, respectively, cannot be determined by the cost to be paid at the worst natural conditions (in the capitalist production the market price is determined by the production price of A). In the socialism the value (and price) are determined by the average branch cost.

When determining the uniform price for a definite use-value in such a way, it is necessary to fix differentiated rates in order to be able to take into account objectively existing differences within the natural conditions of production. By introducing such rates surplus profits obtained from particularly good deposits can newly be distributed to those deposits less well equipped.

In principle, there is no reason to stand against the designation of "rent" for these rates when observing that they are neither a differential rent nor can be interpreted as such a one. Contrary to the capitalist differential rent, which does not necessarily result from the character of the soil and the differences of its fertility, the rates to be fixed by us ("rent") directly depends on these differences.

Certainly, it is most suitable to fix these rates for a concrete unit of resource, and to deliver the deposit for the purpose of exploitation not only in natura but to let enter the deposit with its resources (at their prices of resource) into the productive fund of the mining enterprise. The price of resource to be quoted would mainly consist of the price of resource for the explorer plus/minus the rate of "rent" to be fixed concretely.

Literatur

AUTORENKOLLEKTIV: Politökonomie des Sozialismus und ihre Anwendung in der DDR. — Dietz Verlag, Berlin 1969.

— Wörterbuch der Ökonomie des Sozialismus. — Dietz Verlag, Berlin 1969.

GEBHARD, M.: Die Planung, Abrechnung und Finanzierung geologischer Untersuchungsarbeiten auf Erdöl und Erdgas und ihre Weiterentwicklung mit dem Ziel, die Effektivität dieser Arbeiten zu fördern. — Unveröff. Promotionsschr. Bergakad. Freiberg 1968.

KOBACHIDSE, L. P.: Über den Preis für erkundete Vorräte nutzbarer Bodenschätze in situ. — Sowjetskaja geologija, H. 2 (1970) (russ.).

KÖHLER, J.: Gibt es unter sozialistischen Bedingungen eine Bergwerksrente? — Bergakademie, H. 8 (1960).

LENIN, W. I.: Die Rententheorie, Kapitel II der Schrift: Die Agrarfrage und die Marxkritiker. Als Anhang zu K. MARX „Das Kapital", 3. Bd. (s. d.).

— Das Agrarprogramm der Sozialdemokratie in der ersten russischen Revolution von 1905 bis 1907. — Werke, Bd. 13, Dietz Verlag, Berlin 1963.

MARX, K.: Das Kapital, 3. Band, Buch III. — Dietz Verlag, Berlin 1953.

— Theorien über den Mehrwert. — Vierter Band des „Kapitals", 2. Teil, Dietz Verlag, Berlin 1959.

G. E. RJABUCHIN, M. S. BURSCHTAR, N. M. MUZYTSCHENKO, I. R. REJCHMAN, J. A. SUDARIKOW, Z. A. TABASARANSKIJ, K. W. FOMKIN, T. J. JURKEWITSCH, A. A. JAKUBOW

Die erdöl- und erdgasführenden Provinzen und Gebiete der UdSSR[1]

(Referiert von HERBERT PÄTZ, Freiberg (Sa.)

1. Allgemeines

Das vorliegende Werk wurde vom Ministerium für Hoch- und Fachschulwesen der UdSSR als Lehrbuch für die Studenten der Fachrichtung „Geologie und Erkundung von Erdöl- und Erdgaslagerstätten“ anerkannt. Damit liegt nun für die seit 1965 in den sowjetischen Erdölhochschulen eingeführte neue Lehrveranstaltung „Erdöl- und Erdgasprovinzen und -gebiete der UdSSR“ ein modernes Lehrwerk vor. Während früher der geologische Bau einzelner Erdöl- und Erdgaslagerstätten im Detail behandelt wurde, geht die Konzeption der neuen Lehrveranstaltung und demzufolge auch des vorliegenden Lehrbuchs von einer zusammenfassenden modernen Darstellung der großtektonischen Verhältnisse und der regionalen Erdöl- und Erdgasverteilung innerhalb der Kohlenwasserstoffprovinzen und -gebiete aus. Die Beschreibung von über 50 charakteristischen Einzellagerstätten dient der Beweisführung und Demonstration der allgemeinen Gesetzmäßigkeiten der Erdöl- und Erdgasakkumulation am Einzelobjekt sowie der Darstellung der Lagerstätten- und Fallentypen. Jede der behandelten Erdöl- und Erdgasprovinzen wurde nach folgendem Schema beschrieben:

I. Geotektonische Gebietseinteilung

II. Die Erdöl- und Erdgasführung
   1. Erdölgeologische Gebietseinteilung (Erdöl-Erdgas-Gebiete, Erdöl-Erdgas-Bezirke)
   2. Regionale erdöl- und erdgasführende Schichtenfolgen und Horizonte
   3. Lager- und Lagerstättentypen
   4. Beispiele für typische Erdöl- und Erdgaslagerstätten
   5. Perspektiven der Erdöl- und Erdgasführung

Die größeren Erdöl- und Erdgasprovinzen werden in mehrere Erdöl- und Erdgasgebiete unterteilt. Im Lehrwerk werden auch diese Kohlenwasserstoffgebiete nach dem angeführten Schema behandelt. Für einige Provinzen und Gebiete werden ebenfalls die chemischen und physikalischen Eigenschaften der Erdöl- und Erdgase sowie ihre Bedeutung für die Genese und Nutzung der flüssigen und gasförmigen Kohlenwasserstoffe

Eingang des Manuskripts in der Redaktion: 28. 10. 1970.

[1]) Der Originaltitel lautet: Neftegazonosnye prowincii i oblasti SSSR. — Moskau: Nedra 1969. 476 S., 59 Tab., 139 Abb., 76 Lit.

diskutiert. Die stratigraphischen Verhältnisse sind in Form von Tabellen in einer kurzgefaßten, übersichtlichen Art und Weise mit in den jeweiligen Abschnitt über den geotektonischen Bau der behandelten Provinz oder des entsprechenden Gebiets eingeschlossen worden. Auf eine detaillierte Darstellung der stratigraphischen Folgen wurde bewußt verzichtet.

2. Die Erdöl- und Erdgasprovinzen der UdSSR

Eine Übersicht über die Erdöl- und Erdgasprovinzen und -gebiete der UdSSR vermitteln die Abb. 1 und die Tab. 1 im Originalwerk, wobei in Tab. 1 neben der Bezeichnung der Kohlenwasserstoffprovinzen und -gebiete Angaben über das Alter der Horizonte und über die wichtigsten tektonischen Elemente höherer Ordnung in den Provinzen und Gebieten zusammengestellt worden sind.

Das Lehrbuch ist in vier Teile gegliedert. Die 18 behandelten Erdöl- und Erdgasprovinzen werden in 21 Kap. beschrieben. Im einzelnen befassen sich die Autoren mit der Beschreibung folgender Provinzen:

1. Teil: Die Erdöl- und Erdgasprovinzen im Osten und Norden des europäischen Teils der UdSSR

Im ersten Abschnitt werden die Verhältnisse der Russischen Tafel in folgenden Kapiteln dargestellt:

1. Kap.: Die Wolga-Ural-Erdöl- und Erdgasprovinz
2. Kap.: Die Timan-Petschora-Erdöl-Erdgas-Provinz
3. Kap.: Die erdöl- und erdgashöffigen Gebiete der zentralen Bezirke der RSFSR

Im zweiten Abschnitt werden die Randgebiete der Russischen Tafel gesondert besprochen. Dazu gehören folgende:

4. Kap.: Die Dnepr-Donez-Erdöl-Erdgas-Provinz
5. Kap.: Die Erdöl-Erdgas-Provinz in der Kaspisenke
6. Kap.: Die Vorural-Erdöl-Erdgas-Provinz
7. Kap.: Die Baltische Erdöl- und Erdgasprovinz sowie die höffigen Gebiete der Senke von Lwow

2. Teil: Die Erdöl- und Erdgasprovinzen im Süden und Westen des europäischen Teiles der UdSSR [Vor- (Trans-) Kaukasus, Krim, Ziskaukasus, Karpaten]

8. Kap.: Die Vor-(Trans-)Kaukasus-Krim-Erdöl- und Erdgasprovinz

Innerhalb dieses Kapitels werden die östlichen, die zentralen und die westlichen Vorkaukasusgebiete als größere Einheiten gesondert behandelt.

9. Kap.: Die Erdöl-Erdgas-Provinz der nördlichen Randsenke des Großen Kaukasus (Vorkaukasus)
10. Kap.: Die Erdöl- und Erdgasprovinz des Ziskaukasus
11. Kap.: Die Karpaten-Erdöl- und Erdgasprovinz

3. Teil: Die mittelasiatischen Erdöl- und Erdgasprovinzen

12. Kap.: Die Turan-Erdöl- und Erdgasprovinz
13. Kap.: Die Westturkmenische Erdöl- und Erdgasprovinz
14. Kap.: Die Tienschan-Pamir-Erdöl- und Erdgasprovinz

4. Teil: Die Erdöl- und Erdgasprovinz Sibiriens und des Fernen Ostens

15. Kap.: Die Westsibirische Erdöl- und Erdgasprovinz
16. Kap.: Die möglichen erdöl- und erdgashöffigen Gebiete Westsibiriens
17. Kap.: Die Ostsibirische Erdöl- und Erdgasprovinz
18. Kap.: Die Erdöl- und Erdgasprovinzen des Lena-Wiljuj-Beckens und der Werchojansker Vorsenke
19. Kap.: Die möglichen erdöl- und erdgashöffigen Gebiete Nordsibiriens (Chatanga-Olenek-Becken, Tungusisches Becken)
20. Kap.: Die möglichen erdöl- und erdgashöffigen Gebiete der intramontanen Becken Ostsibiriens und des Fernen Ostens
21. Kap.: Die Erdöl- und Erdgasprovinz des Fernen Ostens

3. Die Erdöl- und Erdgashöffigkeitsaussichten der stratigraphischen Systeme und der großtektonischen Einheiten der UdSSR

In einem Schlußkapitel wird die regionale Verteilung der Kohlenwasserstoffvorräte sowohl in stratigraphischer Beziehung als auch hinsichtlich der Höffigkeit großer geologisch tektonischer Einheiten zusammenfassend dargestellt. So wurde 1969 ein großer Teil des geförderten Erdöls aus den devonischen und karbonischen Speichern der Russischen Tafel gewonnen.

Als besonders höffig erweisen sich die südlichen und südöstlichen Randgebiete der Russischen Tafel, die an den Nordrand der Kaspischen Senke angrenzen. Dafür spricht vor allem der Nachweis der Erdgasgroßlagerstätte Orenburg. Die nördlichen Gebiete der Russischen Tafel und ihrer angrenzenden tektonischen Einheiten sind gegenwärtig geologisch noch wenig untersucht, doch ist ihre Kohlenwasserstoffhöffigkeit durch den Aufschluß solcher Erdgasgroßlagerstätten wie Wuktyl hinreichend bewiesen. Der Nachweis von Erdöllagerstätten im devonischen Subsalinar der Pripjat-Senke erhöht wesentlich das Kohlenwasserstoffpotential der Dnepr-Donez-Senke.

In diesem Zusammenhang müssen die Erdölaufschlüsse im Kambrium und Ordovizium sowie im oberen Präkambrium (Wend) des Baltischen Beckens als Höffigkeitskriterium der zentralen Teile der Russischen Tafel besonders hervorgehoben werden.

In Westsibirien wird die Erkundung der mesozoischen Schichtenfolgen fortgesetzt, um weitere Erdöl- sowie Erdgaslagerstätten mit einer großen Vorratsmenge nachzuweisen. Es sei nur an die Erdgasgroßlagerstätten von Urengoj, Gubkin, Medwedje und Zapolar erinnert. Durch diese großen Erfolge sowjetischer Erdölgeologen bei der Erkundung von Erdöl- und Erdgaslagerstätten in Westsibirien ist es nun möglich geworden, daß seit 1970 das Erdöl nicht mehr aus dem europäischen Teil der UdSSR nach Sibirien transportiert zu werden braucht, sondern Sibirien den europäischen Teil der Sowjetunion mit Erdöl versorgt.

Die Höffigkeitsaussichten der mesozoischen Folgen Mittelasiens und des Kaukasus sind ebenfalls nicht geringer geworden. Auch in diesen Gebieten soll die Erkundung neuer Lagerstätten fortgesetzt werden. Für die nächsten Jahre ist vor allem eine forcierte erdölgeologische Untersuchung der ostsibirischen sowie der fernöstlichen Erdöl- und Erdgasprovinzen vorgesehen. Diese Gebiete sind gegenwärtig geologisch noch nicht ausreichend bearbeitet worden, so daß sowohl in den altpaläozoischen Folgen der Ostsibirischen Tafel als auch in den mesozoischen Schichten des Lena-Wiljuj-Beckens, der Werchojansker Senke, Kamtschatkas, Sachalins und anderer fernöstlicher Gebiete größere Erdöl- und Erdgaslagerstätten zu erwarten sind.

4. Über die künftigen Forschungsaufgaben zur Erhöhung der Kohlenwasserstoffressourcen der UdSSR

Von besonders großer Bedeutung für die weitere schnelle Entwicklung der Erdöl- und Erdgasindustrie der UdSSR erweist sich die Bearbeitung und Klärung geologischer Probleme und Gesetzmäßigkeiten grundsätzlichen Charakters. In diesem Zusammenhang wird auf folgende Aufgabenstellungen näher eingegangen:

1. Erfolgreicher Nachweis weiterer Erdöl- und Erdgasgroßlagerstätten
   Die Lösung dieses Problems setzt die Kenntnis der Genese solcher Erdöl- oder Erdgasakkumulationen wie in den Lagerstätten Romaschkino und Urengoj voraus. Dabei muß vor allem der Einfluß aller Akkumulationsfaktoren geklärt werden, wobei eindeutig zu untersuchen ist, welcher Faktor von entscheidendem Einfluß ist.
2. Nachweis von Erdöl- und Erdgaslagerstätten in den Offshore-Gebieten
   Als Höffigkeitsgebiete ergeben sich für die UdSSR die Küstenbereiche sowie tektonische Großelemente folgender Meere: Kaspisches Meer (Küsten und Apscheron-Schwelle), Asowsches und Schwarzes Meer, Ostsee, Ochotskisches Meer und Kara-See.
3. Die geologischen Aufgabenstellungen beim Niederbringen übertiefer Bohrungen in der UdSSR
   Hierbei sollen der Nachweis und der Aufschluß von Erdgas- und Kondensat- sowie Leichtöllagerstätten in Teufen zwischen 5 und 7 km unter Berücksichtigung der ökonomischen Parameter geologisch exakt beherrscht werden.
4. Untersuchung der Erdöl- und Erdgasführung subsalinarer Schichtenfolgen
   Dieses weltweit noch nicht endgültig gelöste Problem hat auch für die UdSSR in einigen Erdöl- und Erdgasprovinzen des europäischen Teils der UdSSR, in Sibirien und in Mittelasien eine große Bedeutung.
5. Beiträge zur Erdöl- und Erdgaserkundung in Kluftspeichern
   Dabei wird vorrangig auf die weitere geologisch-petrophysikalische Untersuchung der Eigenschaften der Karbonatgesteine sowie auf reservoirmechanische Probleme orientiert. Die Erkundung höffiger Karbonatgesteinsfolgen bietet sich in mehreren Erdöl- und Erdgasprovinzen an.
6. Untersuchungen zur Erdölführung in Riffen
   Entsprechend der statistischen Verteilung im Weltmaßstab von Erdöllagerstätten in Riffen, ist auch in der UdSSR mit dem Nachweis neuer Lagerstätten in Riffen außerhalb der Voruralsenke zu rechnen.
7. Klärung der Erkundungsproblematik von Erdöl- und Erdgaslagerstätten in stratigraphischen und lithologischen Fallentypen
   Dabei kommt es einmal darauf an, jene Gebiete mit geringer Zahl tektonischer Fallentypen besonders intensiv zu untersuchen. Zum anderen konnten gerade in diesen Fallentypen in den Tafelbereichen der USA gewaltige Kohlenwasserstoffvorräte nachgewiesen werden. Auf Grund analoger geologischer Verhältnisse erscheinen deshalb auch die sowjetischen Tafelgebiete als geologische Einheiten mit möglichen Lagerstätten gleichen Typs.

5. Zusammenfassende Betrachtung über die Bedeutung des Lehrbuchs

Die Kenntnis der Gesetzmäßigkeiten des geologischen Baues und der Erdöl- und Erdgaslagerstättenverteilung großer Sedimentationsgebiete ist für die Suche und Erkundung neuer Kohlenwasserstoffvorräte von entscheidender Bedeutung. Allerdings ist die Lehre von den Erdöl- und Erdgaslagerstätten eine sich sehr schnell entwickelnde Spezialdisziplin der Erdölgeologie. Deshalb sind Lehrbücher, die sich zu sehr auf Einzellagerstätten konzentrieren, in kürzester Zeit durch den ständigen Neuaufschluß neuer Lagerstätten überholt. Es ist daher besonders zu begrüßen, daß die Autoren des vorliegenden Lehrbuchs davon ausgegangen sind, die großräumigen gesetzmäßigen Zusammenhänge von Geologie und Kohlenwasserstofflagerstätten nach einer straffen und einheitlichen Gliederung darzustellen. Dabei konnten sie bei der Behandlung der einzelnen Erdöl- und Erdgasprovinzen sowie -gebiete auf Karten, geologische Profile und Lagerstättendarstellungen zurückgreifen, die den neuesten Stand der sowjetischen Erdöl- und Erdgaslagerstättenforschung widerspiegeln.

Damit steht auch den Studenten der DDR ein ausführliches Lehrbuch der sowjetischen Erdöl- und Erdgaslagerstätten zur Verfügung, das es ihnen gestattet, die für ihre künftige Tätigkeit bei der Kohlenwasserstofferkundung in der DDR entsprechenden methodischen Schlußfolgerungen zum Nachweis der Kohlenwasserstoffverteilungsgesetzmäßigkeiten in den Untersuchungsgebieten der DDR zu ziehen. Mit dem Lehrbuch wurde eine grundlegende Zusammenfassung über die Kohlenwasserstofflagerstättenverteilung in der UdSSR nach modernen Gesichtspunkten vorgelegt. Dieses Lehrbuch kann naturgemäß in seinen Einzelheiten auch nur dem Stand eines bestimmten Zeitpunkts entsprechen.

Die Entwicklung erfordert auch vom Lehrbuch eine ständige Vervollkommnung und Erneuerung, so daß nur die Grundprinzipien für einen längeren Zeitraum Gültigkeit haben können. Es wäre deshalb anzuregen, gerade für das Gebiet der Erdöl- und Erdgaslagerstättenlehre bei Neuauflagen oder bei der Abfassung neuer Lehrbücher das „Ringbinder-Prinzip" anzuwenden.

In diesem Sinne wäre auch für die fortlaufende Darstellung der neuen Ergebnisse über die Erdöl- und Erdgasprovinzen der UdSSR als Lehrmittel ein Ergänzungsteil des vorliegenden Lehrbuchs nach dem „Ringbinder-Prinzip" zu empfehlen. Neben der Behandlung der neuen Ergebnisse und der Ergänzung der schon behandelten Kapitel wäre es dabei auch möglich, weitere zusammenfassende Kapitel über vergleichende Betrachtungen hinsichtlich der Verteilung und Genese der Erdöl- und Erdgaslagerstätten dem vorliegenden Hauptwerk anzufügen. Das neue Lehrbuch wird wesentlich dazu beitragen, weitere Absolventen sowjetischer Erdölhochschulen auszubilden, die in der Lage sein werden, die im Programm der KPdSU bis 1980 gestellten Aufgaben zur Erhöhung der Erdöl- und Erdgasförderung zu erfüllen.

Zur Feinstratigraphie des Grauen Salztons und seiner Übergänge im Nordteil der DDR

Korrelation von T3-Profilen aus verschiedenen Gebieten der DDR, NW-Deutschlands und der nördlichen VR Polen

URSULA SCHIRRMEISTER, Berlin

(Mitteilung aus dem Zentralen Geologischen Institut, Berlin)

1. Einleitung

Der Graue Salzton (T3) leitet den dritten Hauptzyklus (Leine-Serie) in der Sedimentation des Germanischen Zechstein-Beckens ein. Bei den Ablagerungen des T3 handelt es sich z. T. um marine Sedimente, die durch die Beteiligung fluviatiler, untergeordnet äolischer Bildungen einen Wechsel im Sedimentationsablauf aufweisen, das bedeutet, daß mit dem Ausklingen des 2. Hauptzyklus (Z 2) nach Absetzen der Kalisalze eine Frischwasserzufuhr (Einschwemmung terrigenen Materials) erfolgte. Es war ein Tiefpunkt in der Salinität erreicht. Dabei erfolgte eine Auflösung und Umbildung der oberen Partien des bereits abgeschiedenen Kalilagers (DÖHNER 1965). Hierbei entstanden Lösungen von $MgCl_2$, $MgSO_4$, $CaSO_4$, KCl und NaCl u. a., in denen, da sie nur langsam zirkulierten, der Absatz von entweder vom Wasser mitgeführtem oder eingewehtem terrestrischem Material vonstatten ging.

Die Hauptgliederung des Grauen Salztons mit der heute noch gültigen Dreiteilung wurde durch die erste stratigraphische Bearbeitung von PRECHT (1882) geschaffen, der eine liegende tonig-anhydritische, eine mittlere tonig-sandige und eine hangende tonig-magnesitische Zone voneinander unterschied. Durch umfangreiche Untersuchungen wurde diese Dreiteilung für das gesamte Zechstein-Becken nachgewiesen.

Auskunft über die marine Ausbildung und Verbreitung des Grauen Salztons in becken- und küstennahen Bereichen geben die Arbeiten von LANGBEIN (1961, 1963), JUNG & JANKOWSKI (1970), SCHULZE, GREULICH & SEIFERT (1962), KOSMAHL (1967), NIEMANN (1960) und MOSLER (1966). Kenntnisse über das Vorkommen und die Zusammensetzung der terrestrischen Äquivalente des T3 vermitteln die Arbeiten von TONNDORF (1965), KRÜGER (1958) und ULLRICH (1964).

Die Ergebnisse lithologischer Untersuchungen an den Hangendschichten des Kaliflözes Staßfurt (K2) — Deckanhydrit (A2r), Grauer Salzton (T3) sowie Übergang zum Plattendolomit (Ca3) aus Aufschlüssen des Nordteils der DDR werden mitgeteilt. Der Schwerpunkt liegt hierbei auf der Bearbeitung des Grauen Salztons. Mit Hilfe einer substantiellen und gefügemäßigen Analyse der betreffenden Horizonte werden Profiltypen für den Becken-, Übergangs- und Randbereich erarbeitet.

Ziel ist letztlich die Klärung des feinstratigraphischen Aufbaus des Grauen Salztons für den Nordteil der DDR und der feinstratigraphischen Korrelationsmöglichkeiten.

Durch Vergleich mit einigen Aufschlüssen aus südlichen Gebieten der DDR war zu untersuchen, welche paläogeographische Position innerhalb des Zechstein-Beckens diese Schichtenfolge im Nordteil der DDR einnimmt. Abschließend erfolgt noch ein regionaler Vergleich für das Gesamtterritorium unserer Republik und der angrenzenden Gebiete.

Tab. 1. Feinstratigraphisches Schema des Grauen Salztons und seiner Übergänge für den Nordteil der DDR (Mächtigkeit in m)

Profiltypen		IV	III	II	I
Feinstratigraphische Symbole	Lithologische Ausbildung	Becken	Übergang		Rand
Ca3	graubrauner Algen- bzw. Oolithdolomit, im unteren Teil stellenweise mit dunkelgrauen Tonlagen	–	2,5–5		7–30
T3t	schwarzbraunes Magnesitgestein im Wechsel mit graugrünem Tongestein	0,8	–	–	–
T3m	schwarzbraunes Magnesitgestein	0,8–1,3	–	–	–
T3s	graugrüner Tonstein mit hellgrauen Sandflasern bzw. geringmächtigen Sandsteinlagen	< 0,5	0,5–1,0		0,5–6,0
T2r	graugrüner Tonstein mit Anhydritknollen, -augen, -linsen	0,5–1,0	0,1–0,8	~ 3,5	0,5
A2rβ	Anhydrit, tonig feingestreift oder geflasert	0,1–0,25		0,3	1,5
A2r (T)	graugrüner Tonstein, schwach feinsandig	0,02–0,05		0,1–0,6	0,05
A2rα	Anhydrit, tonig feingestreift oder geflasert	0,2	0,5–1,0		0,1

Eingang des Manuskripts in der Redaktion: 18. 3. 1970.

Tab. 2. Mineralogisch-petrographische Charakteristik der Gesteine des Grauen Salztons und seiner Übergänge

Gesteinsbezeichnung	Makrogefüge	Mikrogefüge	Einlagerungen	Besonderheiten
Anhydritgestein	großwolkig, schlierig, grobgeflas. } durch Einlagerungen toniger Substanz feingestreift durch Wechsel zwischen 2–3 cm breiten Anhydritlagen und 1–2 mm breiten Tonsteinlagen	Feinstkorngefüge (Ø 35–70 µm) Garbenblasten (650 µm) Großleisten (1000 × 50 µm)	Anhydritidioblasten	Verdrängung von Garbenblasten durch Feinstkorn
Tonanhydrit	Anhydrit, schlierenförmig, in Fetzen, Knollen, Augen ± schichtenparallel im Tonstein	Feinst- bis Feinkorngefüge (Ø 35–140 µm) mit schichtparallelen Tonflasern	Anhydritidioblasten (Ø 300 µm), Quarze (Ø 35–90 µm), Pyritaggregate (Ø 105–175 µm) (Chlorit)	Pseudomorphosen von Anhydrit nach Gips
Tonstein	strukturlos, durch Sandflasern bzw. -lagen (1–5 mm) ± geschichtet, mit Pyritkonkretionen (1,2 × 0,8 cm)	feinfilzig texturlos	Quarze (Ø 35–70 µm), Zirkone (Ø 70–105 µm) in den quarzreichen Lagen	
Sandstein	± feingeschichtet, selten mit Diagonalschichtung, Quarzkörper Ø 100 µm; Bindemittel: karbonatisch, untergeordnet limonitisch			
Magnesitgestein	feinkörnig bis dicht, mit dunkelbraunen Magnesitkristallen	Intersertalgefüge aus Magnesitleisten bestehend, Anhydrit (40–70 µm) als Zwickelfüllung	hexagonale Magnesittäfelchen parallel zu 0001 Quarz (Ø 50–70 µm), Pyrit (14 × 21 µm)	Koenenitfasern
Dolomitgestein	dünnplattig bis bankig, teilweise gut geschichtet durch Wechsel von ooidfreien und ooidreichen Lagen	Pflastergefüge aus xenomorphen rundlichen Feinstkörnern aufgebaut (Ø 7–35 µm)	Reliktstrukturen ehemaliger Algen, mit Anhydrit und Halit gefüllt	
			Anhydrit, granoblastisch (Ø 105–315 µm) bzw. leistenförmig (350 × 55 bis 420 × 210 µm)	
	Zum Grauen Salzton hin Zunahme der tonigen Lagen		Zirkon (Ø 70 µm), Pyritkörner und -aggregate, Quarz (Ø 70 µm)	

2. Feinstratigraphische Gliederung

Die auf der Basis der qualitativ-quantitativen Mineralzusammensetzung ermittelten Gesteinstypen werden einschließlich ihrer Makro- und Mikrogefüge zu Gliederungszwecken herangezogen (Tab. 1).

Unmittelbar über dem Decksteinsalz lagert ein durch Tonlagen feingestreiftes bzw. durch Tonsubstanz geflasertes Anhydritgestein (A2r), das im gesamten Untersuchungsgebiet ausgebildet ist. Der A2r wird zweigeteilt durch eine im oberen Drittel auftretende Tonlage, die weiträumig horizontbeständig ist.

Die Abgrenzung zum hangenden anhydritischen Grauen Salzton (T2r) erfolgte hauptsächlich anhand von Makrogefügemerkmalen, da sich auf Grund der qualitativ-quantitativen Zusammensetzung der Gesteine für beide Horizonte nur geringe Unterschiede ergaben. Der gleichmäßige Wechsel zwischen Tonstein- und reinen Anhydritlagen setzt plötzlich aus. Die Unterkante des T2r wird mit dem Einsetzen knollen-, linsen- und augenförmiger Anhydriteinlagerungen im Tonstein angezeigt.

Der Übergang zur hangenden sandig-tonigen Wechselfolge (T3s) ist in sämtlichen untersuchten Profilen eindeutig zu bestimmen.

Dieser Horizont ist gekennzeichnet durch das Auftreten von Sandflaserlagern und sehr vereinzelt von geringmächtigen Sandsteinbänken.

Die aus südlichen Bereichen des Zechstein-Beckens bekannten Zonen des Rotbraunen Salztons und der Wechselfolge sowie die braune Sandflaserlage (LANGBEIN 1961, 1963) konnten im Untersuchungsgebiet nicht nachgewiesen werden.

Innerhalb der sandig-tonigen Wechselfolge konnten in einigen Profilen eine untere schwach sandige und eine obere stark sandige Partie (s. auch MÖSLER 1966) ausgehalten werden. In einem Profil des nördlichen Randbereichs wurde der T3s auf Grund eines mehrmaligen Wechsels des Sandgehalts in vier Subzonen unterteilt.

Die karbonatische Abfolge des Grauen Salztons beginnt mit einem sehr festen grauschwarz bis braunschwarzen Magnesitgestein, der Magnesitbank (T3m).

Die den Grauen Salzton zum Hangenden hin abschließende Magnesitische Wechselfolge (T3t) besteht aus einem mm—cm-starken Wechsel von schwarzem bituminösem Tonstein mit schwarzbraunem Magnesitgestein.

Der Plattendolomit (Ca3) ist im Untersuchungsgebiet als algen- bzw. oolithführendes Dolomitgestein ausgebildet. Beckenwärts geht er in die unteren karbonatischen Lagen des Hauptanhydrits und die hangenden karbonatischen Lagen des T3 über. Er stellt somit die wichtigste Leitbankbildung für die Parallelisierung faziell unterschiedlicher Ausbildungen im stratigraphischen T3-Horizont dar (MOSLER 1966).

3. Substantielle und gefügemäßige Analyse des Grauen Salztons und seiner Übergänge

Mineralogisch-petrographische Charakteristik der Gesteine

Für das Untersuchungsgebiet kann allgemein festgestellt werden, daß reine Tonsteine am Aufbau der Gesteine nicht beteiligt sind. Bei der Bearbeitung des Kernmaterials konnten folgende Gesteinsarten benannt werden: Anhydritgestein, stark toniges Anhydritgestein bzw. Tonanhydrit, sandiger Tonstein, Sandstein, Magnesitgestein und Dolomitgestein. Über die mineralogisch-petrographische Charakteristik gibt Tab. 2 Auskunft. Diese Gesteine sind an bestimmte Horizonte im Grauen Salzton bzw. seiner liegenden und hangenden Übergänge gebunden und können ähnlich wie bei LANGBEIN (1961, 1963) zur Gliederung verwendet werden.

Profiltypen des Grauen Salztons

Die Primärdaten für jede einzelne Bohrung wurden in lithologische Profile eingetragen (Abb. 1). Auf der Basis der lithologischen Profile wurde die qualitativ-quantitative Mineralzusammensetzung jedes Teilhorizonts des Grauen Salztons sowie seiner Übergangsbereiche ermittelt (s. Tab. 3). Bei der regionalen Auswertung konnten für bestimmte Gebiete charakteristische Abweichungen von den in Tab. 3 angegebenen durchschnittlichen Mineralzusammensetzungen herausgearbeitet werden, die ihrerseits die Aufstellung von Profiltypen ermöglichen. In Tab. 4 sind die Merkmale der vier Profiltypen für die einzelnen Horizonte zusammenfassend dargestellt. Auffällig bei einem Vergleich der Profiltypen untereinander ist der relativ hohe Anteil der klastischen Komponente (Quarz, Ton und Kalifeldspat) bei Typ I und II, der sich vertikal in fast jeder Bohrung verfolgen läßt. Typ I und II unterscheiden sich in der Qualität ihrer Karbonate. Beim Typ II tritt überwiegend Magnesit auf. Relativ hohe, über den gesamten vertikalen Profilabschnitt reichende Anhydritgehalte kennzeichnen den Typ III. Abweichend von den bisher genannten Typen ist bei den Profilen des Typs IV ein relativ hoher Anteil höher salinarer Minerale wie Halit und Anhydrit vorhanden.

Tab. 3. Qualitative und quantitative Zusammensetzung des Grauen Salztons und seiner Übergänge

Minerale	(Angaben in Gew.-%)					
Stratigraphie	Q	T	A	Do	Mg	Chl
Ca3 bzw. T3t und T3m	2–6	3–7,5	2–5	70–85	55–88	2–5
T3s	15–25	35–50	5–8	6–18	10–15	2–5
T2r	5–13	10–30	40–70	6–15	2–8	2–5
A2r	1–6	3–10	70–95	3–20	3	2–5

Q – Quarz, T – Ton, A – Anhydrit, Do – Dolomit, Mg – Magnesit, Chl – Chloride

Tab. 4. Profiltypen des Grauen Salztons und seiner Übergänge (Angaben der Mineralgehalte in Gew.-%)

Paläogeographische Position	Rand	Übergangsbereich		Becken
Profiltyp	I	II	III	IV
Stratigraphischer Bereich				
Ca3	Q u. T: (70) 40–10 Do: 70	Q u. T: 17–33 Do: 70	Q u. T: 3–5 Do: 80–90 An: max. 40	Q u. T: 5 bis 10 (T3 m t) Mg: ~80
T3s	Q: 20–73 Do: – An: 1–6 Ha: 3–5 Kfs, Pr > II	Q: max. 30 Mg: 11–44 Do: ~15 An: 5–15 Kfs: teilweise	IIIa: Q: 25 / IIIb: 37 T: > Q Do: ~15 An: 5–8 Kfs, Pr. –	Q u. T: 48 Mg: 3–38 An: 19–4 Ha: 17–13
T2r	Q u. T: max. 85 Do: – An: ~12	IIa IIb Q: 18–22; 1–8 Mg: 3–12 An: 75–35	IIIa IIIb Q: 4–11; 7–8 An: 75–88; ~60 Kfs: teilweise Hä: nur 1 Profil	Q u. T: A = 1:1 Mg: ~4
A2r	Q: 1–1,5 T: 28–6 Do: 9–20 An: ~70	Q u. T: 11 bis 22 Mg: 3 An: 80–90	IIIa Q u. T: 5–12 Do: 2–10 Mg: 2–13 An: 85–95 IIIb siehe Typ I	Angaben fehlen

Überprüfung des Gliederungsprinzips an Hand von Ergebnissen der Spurenelementanalyse

Abb. 2a, b, c, geben die Verteilung der Spurenelemente in den einzelnen feinstratigraphischen Bereichen an. Die Bohrungen wurden hierbei nach Becken-, Übergangs- und Randbereichen gruppiert. Die Maxima bzw.

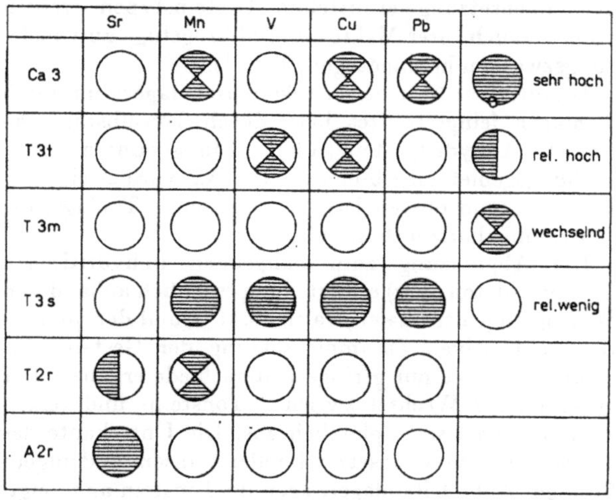

Abb. 3. Relative Häufigkeit der Spurenelemente

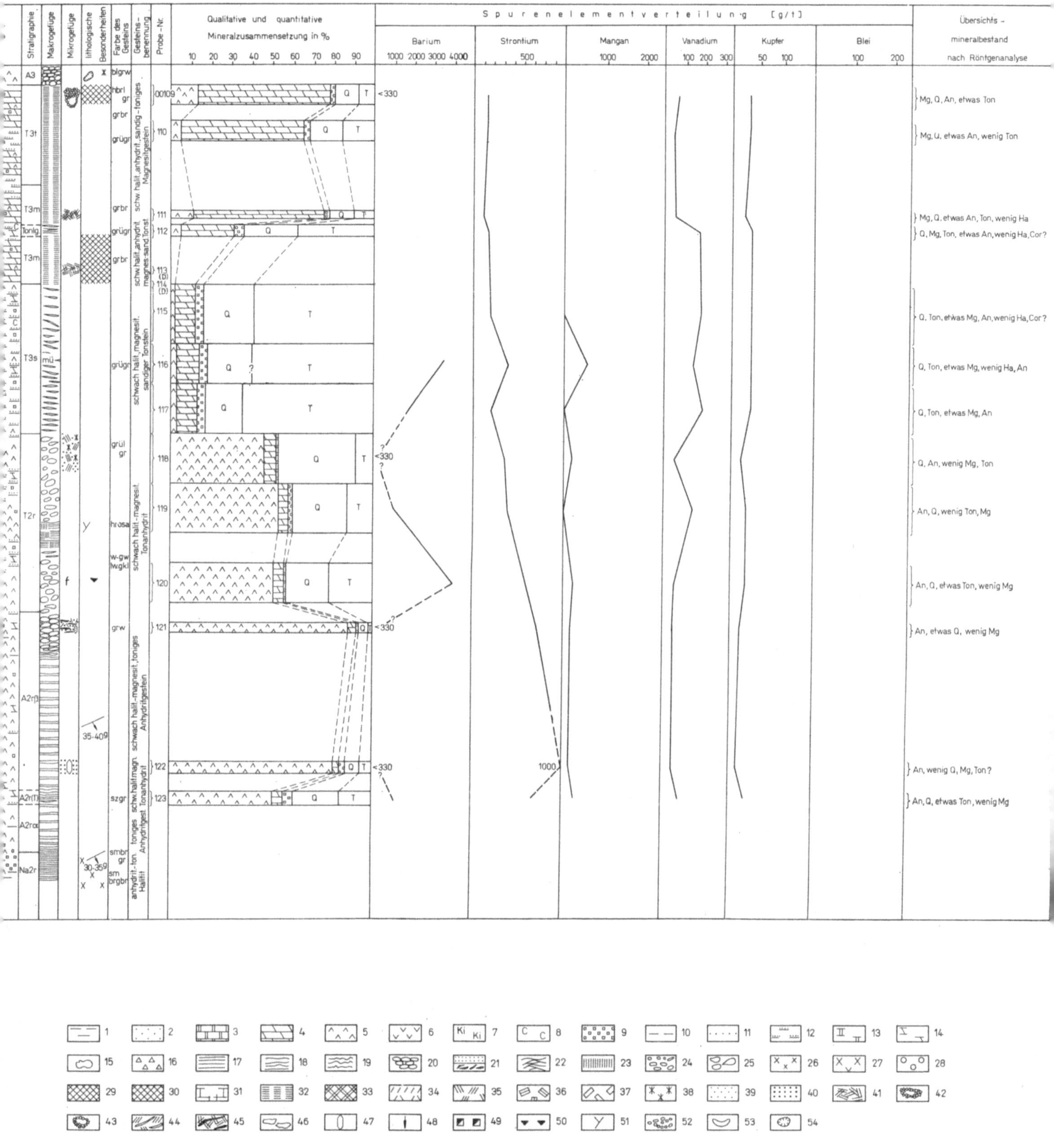

Abb. 1. Lithologisches Profil des Grauen Salztons und seiner Übergänge (Beckenbereich)

steine:
Tonstein; 2 – Sand/Sandstein; 3 – Dolomit; 4 – Magnesit; 5 – Anhydrit;

ungen:
7 – Kieserit; 8 – Carnallit; 9 – Halit;

ische Zeichen:
; 11 – sandig; 12 – Wechsellagerung Sand(stein)/Ton(stein); 13 – dolomitisch; 14 – magnesitisch;

füge:
kretionen; 16 – Brekzie; 17 – regelmäßig gestreift; 18 – unregelmäßig gestreift; 19 – unregelmäßig ft im Übergang zur Maserung; 20 – gemasert (fein, grob); 21 – a) diffus, b) fleckig (marmoriert); 22 – flaserig; 23 – faserig (z. B. Fasergips, Fasersteinsalz); 24 – Perlen, Augen, Linsen; 25 – Knollen; 26 – feinkristallin; 27 – mittel-grobkristallin; 28 – oolithisch; 29 – porös; 30 – porös-oolithisch 31 – bankig; 32 – plattig-schichtig; 33 – kavernös;

Mikrogefüge:
34 – parallel texturierte, richtungslose Leisten; 35 – Garben; 36 – Garbenblasten; 37 – Idioblasten; 38 – Rosetten; 39 – Feinstkorn (< 30 μm); 40 – Feinkorn (35–100 μm); 41 – intersertale Struktur; 42 – Pflastergefüge; 43 – Ringstruktur; 44 – Garben mit Tonflasern; 45 – intersertale Struktur mit Tonflasern; 46 – Pseudomorphosen von Anhydrit und Gips;

Lithologische Besonderheiten:
47 – idiomorphe Quarze; 48 – Mikrokluft; 49 – bitumenführend; 50 – Pyrit; 51 – Gipsidioblasten 52 – Laugenwanderung; 53 – unbestimmte Makrofauna; 54 – Druse

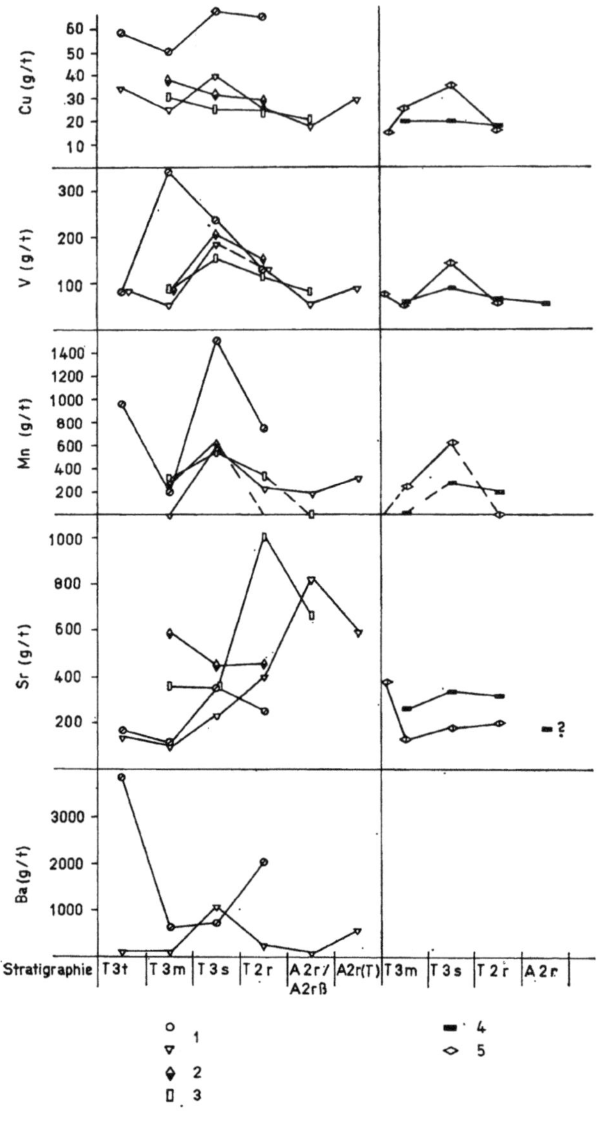

Abb. 2a. Verteilung der Spurenelemente in den stratigraphischen Teilhorizonten des Grauen Salztons und seiner Übergänge

Beckenbereich: Verteilung der Spurenelemente (Durchschnittsgehalte) in den stratigraphischen Teilhorizonten des Grauen Salztons sowie in seinen hangenden und liegenden Übergangshorizonten

1 — Zechstein-Hauptbecken; 2 — Schacht Bartensleben; 3 — Schacht Berlepsch

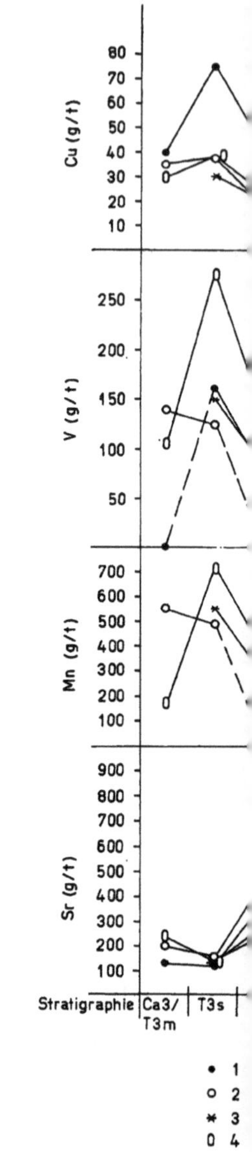

Abb. 2b. Verteilung
graphischen Teilhoriz

Übergangsbereich: V
schnittsgehalte) in de
Grauen Salztons sow
Ü

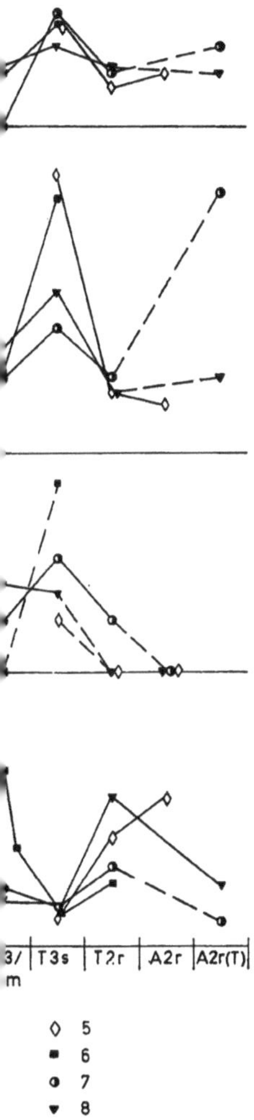

nente in den strati-
n Salztons und seiner

urenelemente (Durch-
en Teilhorizonten des
genden und liegenden
en

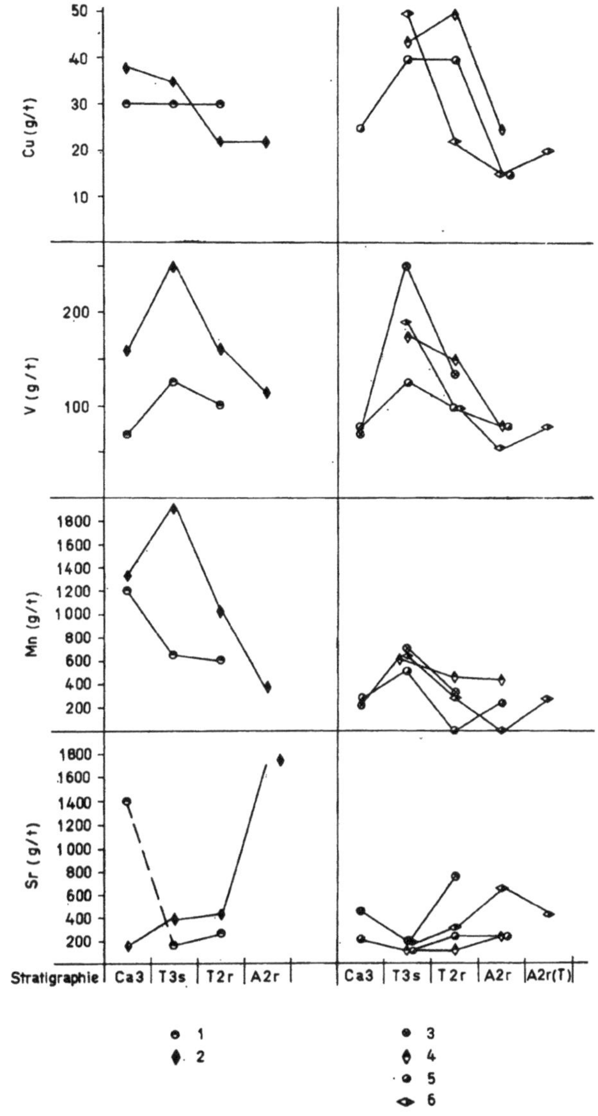

Abb. 2c. Verteilung der Spurenelemente in den stratigraphischen Teilhorizonten des Grauen Salztons und seiner Übergänge

Küstennaher Bereich: Verteilung der Spurenelemente (Durchschnittsgehalte) in den stratigraphischen Teilhorizonten des Grauen Salztons sowie in seinen hangenden und liegenden Übergangshorizonten

auch Minima der vertikalen Verteilung sind aus dieser schematischen Darstellung erkennbar.

Die Spurenelementverteilung kann gut zur Bestätigung des lithologischen Gliederungsprinzips herangezogen werden (Abb. 3). Hierbei konnten charakteristische Spurenelementassoziationen, die an bestimmte Gesteinstypen gebunden sind, berücksichtigt werden. Maximale Sr-Werte treten in stark anhydrithaltigen Gesteinen (A2r und T2r) auf. Am Übergang zum sandig-tonigen Gestein (T3s) zeigt sich deutlich ein Abfall der Sr-Kurve (Abb. 2a, b, c). Die höchsten Mn-, V-, Cu- und Pb-Konzentrationen werden in fast allen Profilen im Bereich der sandig-tonigen Wechselfolge erreicht. Zum hangenden karbonatischen Teil (T3m und t bzw. Ca3) macht sich deutlich ein Abfall der Mn-, V-, Cu- und Pb-Werte im Kurvenverlauf bemerkbar.

4. Stratigraphische Korrelation des Grauen Salztons und seiner Übergänge

Korrelationsmöglichkeiten im Untersuchungsgebiet

Für den Vergleich der feinstratigraphischen Zonen im Untersuchungsgebiet (s. Tab. 1) werden die Mächtigkeitsänderungen der sandig-tonigen Wechselfolge (T3s) und des anhydritischen Grauen Salztons (T2r) sowie ihr relativer Anteil an der Gesamtmächtigkeit des Grauen Salztons berücksichtigt. Die Mächtigkeitsschwankungen innerhalb der einzelnen Teilhorizonte des Grauen Salztons wurden in regionalen Korrelationsprofilen (Abb. 4) dargestellt, als Bezugslinie wurde dabei die Unterkante Plattendolomit (Ca3) bzw. Magnesitbank (T3m) gewählt, da diese Grenze in sämtlichen untersuchten Profilen eindeutig festgelegt wurde.

Bei der Bearbeitung des liegenden Deckanhydrits (A2r) konnte eine Tonlage [A2r(T)] gesondert ausgehalten werden, die über weite Gebiete eine relative Horizontbeständigkeit zeigte und somit für regionale Vergleichszwecke herangezogen werden kann. Die Tonlage innerhalb des A2r schwankt unbedeutend, häufig tritt sie im oberen Drittel des Horizontes auf. Sie konnte von der Altmark bis zum nördlichen Rand des Zechstein-Beckens nachgewiesen werden.

Eine statistische Auswertung über den Prozentanteil des T3s und T2r an der Gesamtmächtigkeit ergab folgende Einschätzung: Relativ häufig ist der T3s mit durchschnittlich 30—50% beteiligt; Werte > 50% treten mit ungefähr gleicher Häufigkeit auf. Der Anteil T2r mit > 50% überwiegt allgemein gegenüber dem mit < 35%.

Eine Auswertung der Mächtigkeitsbeziehung zwischen T2r, T3s, T3m und T3t anhand der Korrelationsprofile läßt für das Untersuchungsgebiet folgende Grobgliederung zu:

Becken	T3s ≦ T2r; T3m und T3t > T3s und T2r
Übergangsbereich	T3s < T2r
Rand	T3s > T2r

Tab. 5. Korrelationsschema des Grauen Salztons und seiner Übergänge

Zechstein-Hauptbecken (U. SCHIRRMEISTER): Nordrand (?)	Übergang	Becken	Altmark (U. SCHIRRMEISTER)	Stratigraphische Symbole	Scholle von Calvörde (REICHENBACH)	Allertalgraben (GREULICH, SCHULZE, SEYFERT)	Subherzyn (PRIMKE, KNAK)	Südl. Harzvorland (JANKOWSKI & JUNG)	Thüringer Becken (LANGBEIN)	Südbrandenburg (GOTTESMANN)	NW-Deutschland (KOSMAHL)
				T3t	0,5 Do, t			T3γ3 0,5–2,4 Tst		Ca3	Mgst
		0,8 Mgst Tst	0,5 Tst, Mgst, su		0,2–0,3 Mgst	0,3 Mgst	0,82 Tst Mgst	T3γ2 0,2–1,5 Tst, mg, do	T3ϑ2 1,5 Tst Karb		Mg u. Dol, t
Ca3		0,8–1,3 Mgst	0,5 Mgst, su	T3m	0,1–0,3	0,5 Mgst	0,58 Mgst	T3γ1 0,2–0,7 Mgst, t!, an	T3ϑ1 0,5 Karb.	T3m 0,5 Mgst	Mgst, t
0,5–6,0 Tst	0,5–1,0 Sdst	0,5	0,75 Tst, s!	T3s	T3t 1,0 Sust, t	T3t 1,6 Tst	2,8 Tst Sdst	T3β2 0,3–2,8 Tst, s! T3β1 0,5–2,6 Tst, (s)	T3γ2 0,5 Sdst, karb, t T3γ1 1,5 Sdst T3β2 4,0 Tst	T3s 0,3–0,4 Tst, fs	(Tst, (s) Tst Sdst
0,5	0,1–3,5 Tst u. An	0,5–1,0	0,9 Tst, fs	T2r	T3t a 0,5 Sust, t	1,4 Tst An	0,7 Tst An	T3α 0,2–1,6 Tst-An	T3 β1 1,0 Tst	T2r max 4,2 Tst, fs	
1,6 An, t u. (Tst)	1,0–2,0	0,3–0,5		A2r				A2r 1,0–4,8 An, t	T3α 1,5 An An, t		

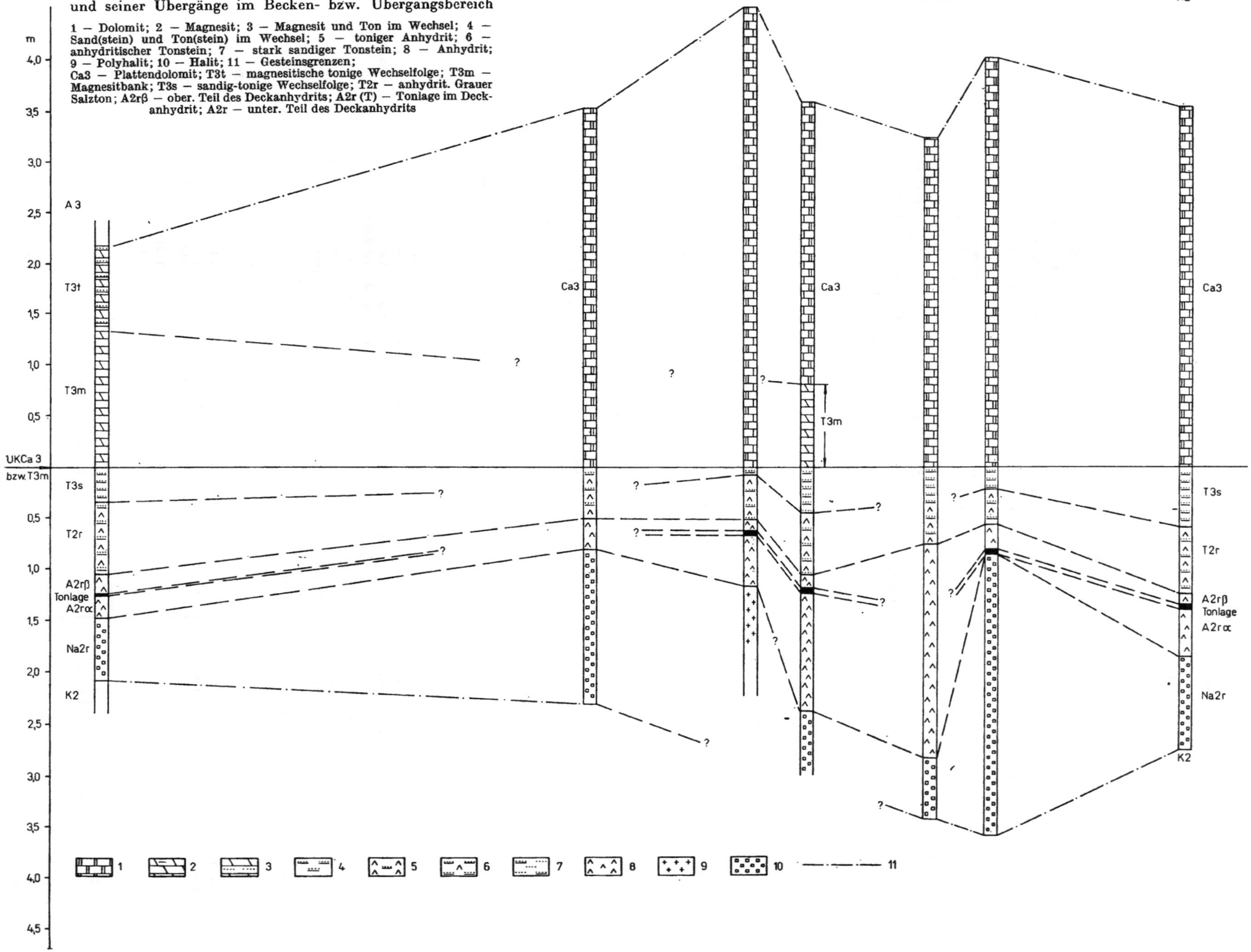

Abb. 4. Regionales Korrelationsprofil des Grauen Salztons und seiner Übergänge im Becken- bzw. Übergangsbereich

1 – Dolomit; 2 – Magnesit; 3 – Magnesit und Ton im Wechsel; 4 – Sand(stein) und Ton(stein) im Wechsel; 5 – toniger Anhydrit; 6 – anhydritischer Tonstein; 7 – stark sandiger Tonstein; 8 – Anhydrit; 9 – Polyhalit; 10 – Halit; 11 – Gesteinsgrenzen; Ca3 – Plattendolomit; T3t – magnesitische tonige Wechselfolge; T3m – Magnesitbank; T3s – sandig-tonige Wechselfolge; T2r – anhydrit. Grauer Salzton; A2rβ – ober. Teil des Deckanhydrits; A2r (T) – Tonlage im Deckanhydrit; A2r – unter. Teil des Deckanhydrits

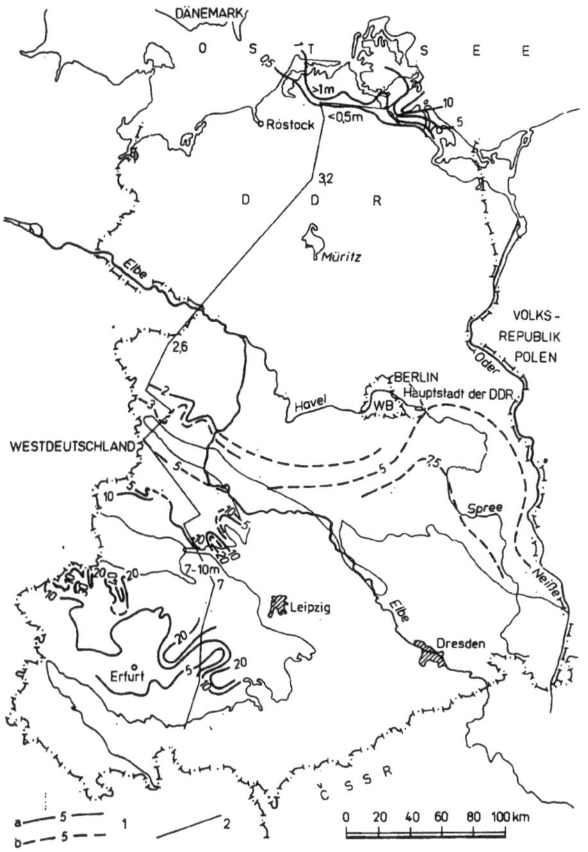

Abb. 5 Isopachenschema des Grauen Salztons vom Gesamtterritorium der DDR (T3)
(zusammengestellt nach Unterlagen von GOTTESMANN, JUNG, LANGBEIN, LÖFFLER, PRIMKE, REICHENBACH, SEIDEL, STOLLE, U. SCHIRRMEISTER)

1 – Linien gleicher Mächtigkeit, a) Verlauf gesichert, b) Verlauf vermutet; 2 – Profillinie für das schematische Faziesprofil des Grauen Salztons (T3)

Korrelation mit T3-Profilen aus anderen Gebieten der DDR, aus Nordwestdeutschland und dem Nordteil der VR Polen

Im folgenden werden die Übereinstimmung der T3-Profile aus dem Untersuchungsgebiet mit den Vergleichsprofilen bzw. die Abweichungen voneinander festgestellt (Tab. 5).

Der gebänderte Deckanhydrit (A2r) und der anhydritische Graue Salzton (T2r) werden im Untersuchungsgebiet voneinander getrennt. Die Mächtigkeit des A2r nimmt in den Randgebieten des ehemaligen Zechstein-Meeres zu. Die im A2r ausgehaltene Tonlage ist relativ horizontbeständig. Nach mündlicher Mitteilung von Dr. JUNG sind die oberen Partien des A2r im südöstlichen Harzvorland stark tondurchstäubt.

Der anhydritische Graue Salzton stimmt hinsichtlich seiner Mächtigkeit annähernd mit allen übrigen Gebieten überein. Ähnliche Mächtigkeitszunahmen des T2r im Nordosten des Untersuchungsgebiets sind auch aus Südbrandenburg, Raum Staakow, bekannt (GOTTESMANN 1965). Jedoch liegt der durchschnittliche Anhydritgehalt des T2r mit 60–80% erheblich höher als in den Vergleichsgebieten.

Die sandig-tonige Wechselfolge (T3s) im Nordteil der DDR steht ungefähr in Einklang mit der lithologischen

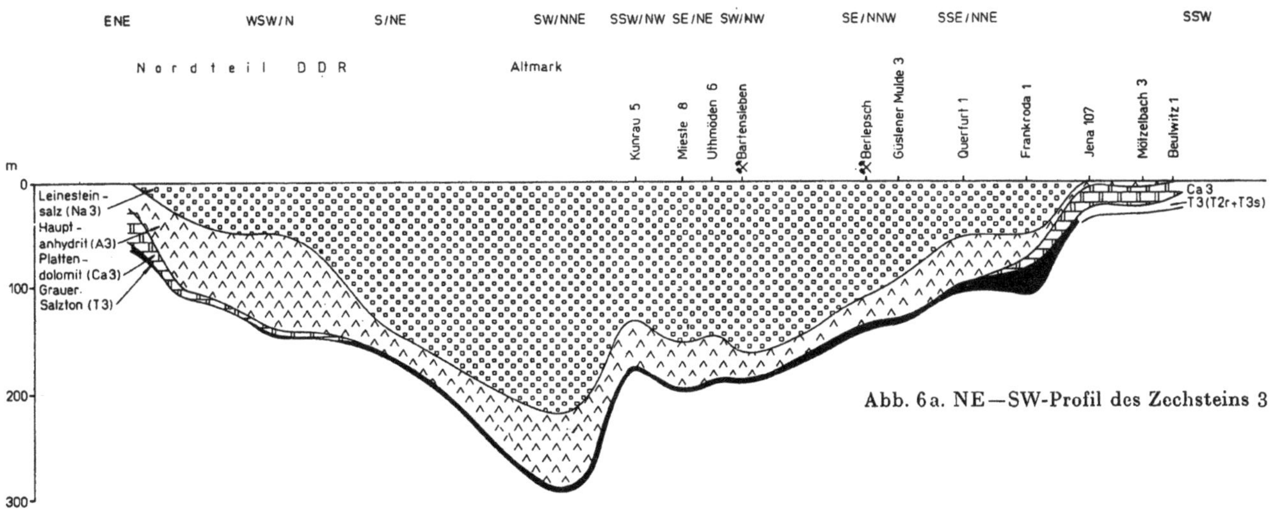

Abb. 6a. NE–SW-Profil des Zechsteins 3

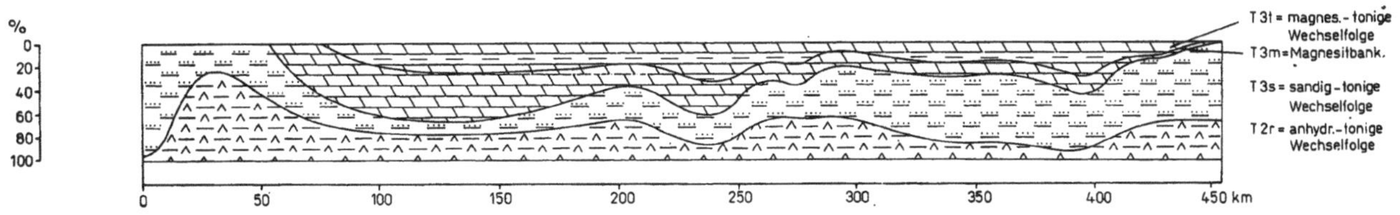

Abb. 6b. Lithologisches Profil des Grauen Salztons (schematisiert)

Die Mächtigkeit der Teilhorizonte, bezogen auf die Gesamtmächtigkeit

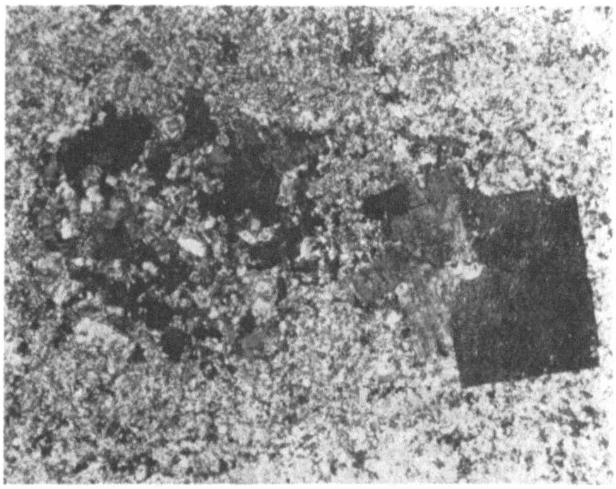

Abb. 7. Anhydritidioblast in feinkörniger Anhydritgrundmasse (A2r)
Dünnschliff, gekreuzte Polarisatoren, Vergr. ca. 32fach

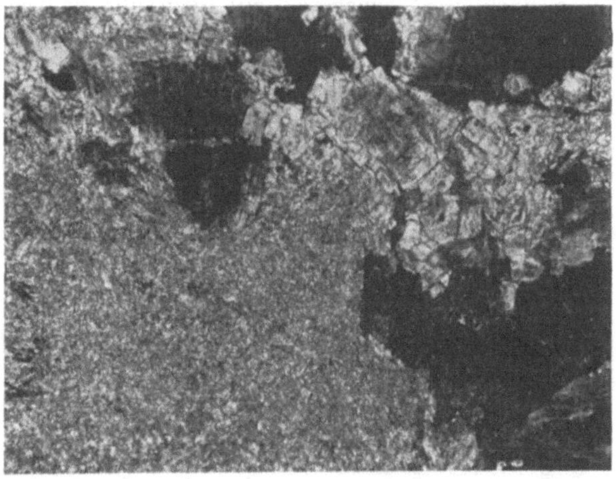

Abb. 8. Verdrängung von Anhydritgarbenblasten durch Anhydritfeinkorn (A2r)
Dünnschliff, gekreuzte Polarisatoren, Vergr. ca. 32fach

Abb. 9. Pseudomorphosen von Anhydrit nach Gips (T2r)
Dünnschliff, Vergr. ca. 7fach

Ausbildung und Mächtigkeit derselben in der Altmark, auf der Scholle von Calvörde und in Südbrandenburg. Vom Allertalgraben südwärts ist der T3s stärker am Aufbau des T3 beteiligt. Besonders erhöhte Mächtigkeiten des gesamten Grauen Salztons (> 20 m), wie sie aus dem Südharz-Kaligebiet und dem Thüringer Becken (LANGBEIN 1963, SEIDEL 1965) bekannt sind, laufen parallel mit dem Auftreten des braunroten Salztons und der Wechselfolge sowie der braunen Sandflaserlage (vgl. auch das Südostharzvorland, JANKOWSKI & JUNG 1968). Derartige Erscheinungen konnten durch eigene Untersuchungen für den Nordteil der DDR im allgemeinen nicht nachgewiesen werden. Die Beteiligung von Sandsteinbänken am Aufbau der sandig-tonigen Wechselfolge mit typischen Diagonalschichtungen, wie sie aus dem Südharz-Kaligebiet, dem Thüringer Becken (Südostrand) (LANGBEIN) und dem Gebiet bei Göttingen (NIEMANN 1960; KOSMAHL 1967) bekannt sind, wurde im Untersuchungsgebiet nur in einem randnahen Profil festgestellt (Sandsteinlagen < 0,1 m).

Die hangende karbonatische Zone des T3 (magnesitische Fazies = Beckenprofil) ist mit 2,16 m im Untersuchungsgebiet relativ mächtig. Dies stimmt annähernd gut mit den Angaben von KOSMAHL (1967) für Nordwestdeutschland (0,8 – 2,25 m) überein. Die Magnesitbank und die magnesitisch-tonige Wechselfolge sind in der Altmark, im Gebiet der Scholle von Calvörde, im Subherzynen Becken und in Südbrandenburg geringmächtiger ausgebildet. Gute Übereinstimmung ergab der Vergleich mit dem südöstlichen Harzvorland, dem Südharz-Kaligebiet und dem Thüringer Becken. Die lithologische Ausbildung der Magnesitbank und der magnesitisch-tonigen Wechselfolge steht in Einklang mit jener aus den Vergleichsgebieten. Lediglich die Mg-Gehalte liegen mit durchschnittlich 60% etwas höher als bei den anderen Gebieten.

Im Nord- und Nordostteil des Untersuchungsgebiets weicht die durchschnittliche Mächtigkeit des Grauen Salztons mit 0,5—1,0 m von den Vergleichsgebieten ab.

Die Vielzahl von Klüften, die insbesondere aus der sandig-tonigen Wechselfolge der Vergleichsgebiete bekannt ist, konnte für den Nordteil der DDR nicht bestätigt werden. Besonders auffällig erscheint in diesem Zusammenhang, daß an der Mineralisation der wenigen Klüfte, die am Kernmaterial beobachtet wurde, keine Kaliminerale beteiligt sind.

Auf Grund der geringen Mächtigkeit und der relativ gleichbleibenden lithologischen Ausbildung der Teilhorizonte des Grauen Salztons (der T2r besteht vorwiegend aus Tonanhydrit, der T3s aus Tonstein mit geringmächtigen Sandflasern) ist ein verfeinertes Gliederungsprinzip (vgl. MOSLER 1966) für den Nordteil der DDR nicht anwendbar.

Über weite Gebiete des Zechstein-Hauptbeckens ist der Graue Salzton mit gleichbleibenden geringen Mächtigkeiten zwischen 2 und 3,5 m ausgebildet (Abb. 5). Im Untersuchungsgebiet ist eine Abnahme der Mächtigkeit auf < 0,5 m zu verfolgen, jedoch zum nordöstlichen Rand des Zechstein-Beckens nimmt die T3-Mächtigkeit rasch bis auf maximal 13 m zu. Die von MOSLER (1966) konstruierte 20-m-Isopache konnte nicht bestätigt werden.

Die Angaben aus Bohrungen in der VR Polen (T3: 4—8 m) lassen eine Fortsetzung der im Nordteil der

Zeitschrift für angewandte Geologie, Bd. 17 (1971), Heft 6

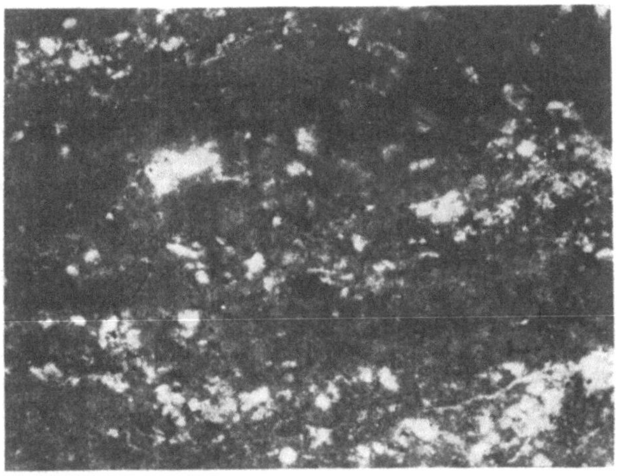

Abb. 10a. Quarzkörner im Salzton schichtparallel eingeregelt (T3s)

Dünnschliff, Vergr. ca. 32fach

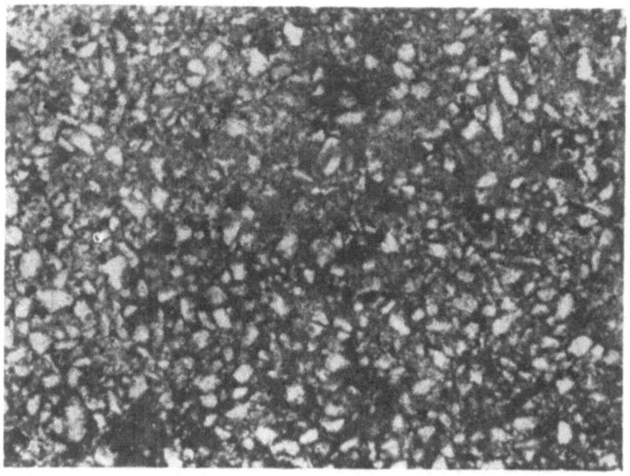

Abb. 10b. Salzton mit hohem Sandanteil
Quarz, hell; Pyritaggregate, schwarz (T3s)

Dünnschliff, Vergr. ca. 32fach

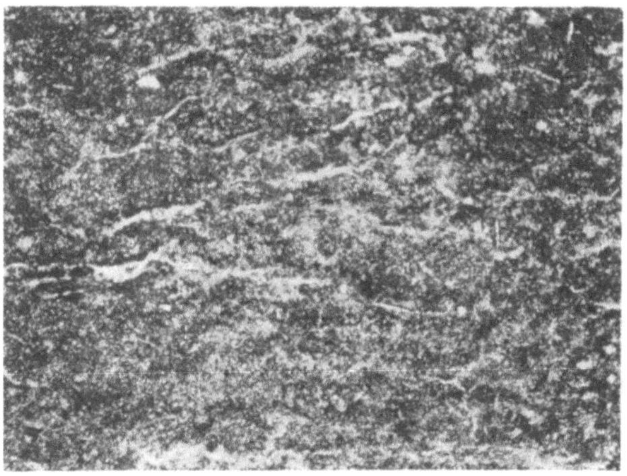

Abb. 11. Koenenitflasern (hell) im Magnesit (T3m)

Dünnschliff, Vergr. ca. 32fach

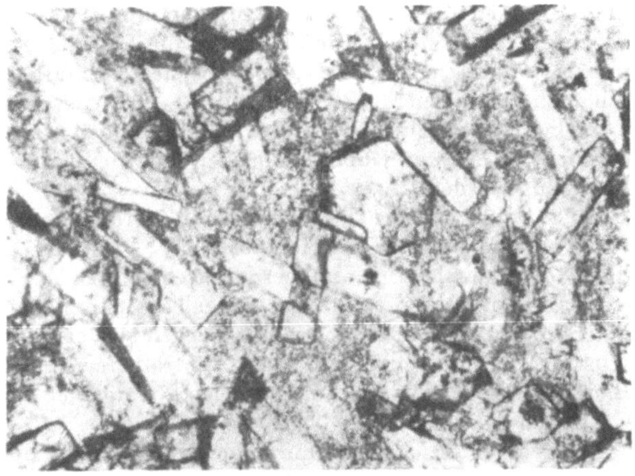

Abb. 12. Magnesitleisten mit hexagonaler Magnesittafel (Bildmitte) (T3m)

Dünnschliff, vergr. ca. 32fach

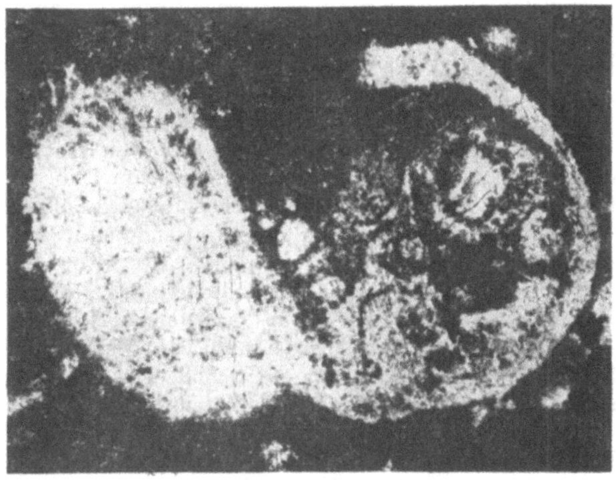

Abb. 13a. S-förmiges Algenrelikt (anhydritisiert) in dolomitischer Grundmasse (Ca3)

Dünnschliff, Vergr. ca. 32fach

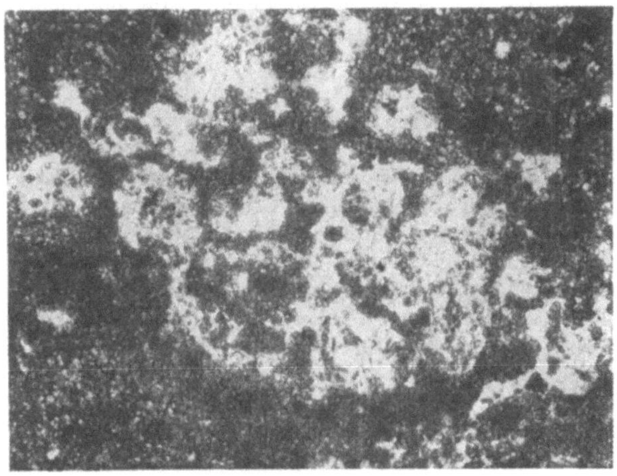

Abb. 13b. Anhydritisierung des Dolomits mit reliktisch erhaltener Ringstruktur (Ca3)

Dünnschliff, Vergr. ca. 32fach

DDR erbohrten erhöhten T3-Mächtigkeiten nach Osten vermuten. In Richtung Karcino nimmt die T3-Mächtigkeit bis auf 11 m zu; hier handelt es sich vermutlich schon um terrestren T3 (POBORSKY 1964). In Mittelpolen — östlich von Südbrandenburg — ist der T3 nur 1—2 m (Gorzow I. G. 1 und Gubin 1) mächtig und in Beckenfazies ausgebildet.

Im Subherzynen Becken (5—10 m), Südbrandenburg (5—8 m) und südöstlichen Harzvorland (7—10 m) sind die Mächtigkeitsbeträge annähernd gleich.

Im Hannoverschen Teilbecken ist der T3 mit ähnlichen Mächtigkeiten wie im Subherzynen Becken ausgebildet. KOSMAHL (1967) gibt für den Zentralbereich des Beckens 3,8—6,25 m an. Im südlichen Randgebiet bei Göttingen beträgt die T3-Mächtigkeit 16 m.

Im Zentralbereich des Thüringer Beckens liegt die durchschnittliche T3-Mächtigkeit mit 5—15 m etwas höher als in den zuvor genannten Gebieten.

Von Norden rinnenartig in das Thüringer Becken hineinreichend (Südharz-Kaligebiet) erstrecken sich zwei Gebiete maximaler T3-Mächtigkeit (> 20 m). Ähnliche Mächtigkeitsanschwellungen (> 20 m) sind auch aus dem Ostteil des Thüringer Beckens (Geraer Bucht) bekannt.

Anhand des schematisierten lithologischen N—S-Profils des T3 (Abb. 6) lassen sich für das Gesamtgebiet der DDR folgende Beziehungen ableiten:

Unmittelbar am nördlichen Beckenrand ist der Anteil des sandig-tonigen Grauen Salztons (T3s) am größten und nimmt auf kurze Entfernung sehr schnell ab. Im Randgebiet wird der magnesitische Graue Salzton (Beckenfazies) faziell durch den Plattendolomit vertreten.

Nördlich der Scholle von Calvörde befindet sich vermutlich der beckentiefste Teil des Zechstein-Beckens, da es hier verstärkt zur Abscheidung von Magnesiumkarbonat kam. In Richtung zur Scholle von Calvörde macht sich eine Zunahme des T3s-Anteils bemerkbar.

Abgesehen von der Brg. Kunrau 5 verhalten sich im Bereich der Scholle von Calvörde die Anteile der drei petrographisch-stratigraphischen Zonen an der Gesamt-T3-Mächtigkeit annähernd gleich. Bereits im Allertalgraben (Schacht Bartensleben) und weiter nach Süden, Subherzynes Becken (Schacht Berlepsch) und südöstliches Harzvorland in Richtung Querfurt nimmt der Anteil des T3s erheblich zu, analog zum nördlichen Beckenrand. Die Anteile des T3m und T3t zeigen im Allertalgraben und im Subherzynen Becken keine wesentlichen Änderungen; erst im Raum Querfurt nehmen sie wieder zu. Im Thüringer Becken, Brg. Frankroda (Mitteilung von Dr. SEIDEL), nimmt mit dem Einsetzen des Plattendolomits der magnesitische Graue Salzton ab, und der Anteil des T2r nimmt zu.

Eine ähnliche Ausbildung des T3 wie in der Brg. Frankroda wurde auch im Untersuchungsgebiet angetroffen. Die in der Brg. Frankroda vorhandene magnesitische Wechselfolge ist in der Bohrung im Untersuchungsgebiet nicht ausgebildet. Hier lagert unmittelbar auf der Magnesitbank der Plattendolomit.

Im Raume Jena (Brg. Jena 107) ist bereits der südliche Rand des Zechstein-Beckens erreicht. Der Graue Salzton besteht nur noch aus einem oberen sandig-tonigen und unteren anhydritisch-tonigen Teil. Der T3m wird faziell von Plattendolomit als randnahe Bildung vertreten.

Anschließend kann festgestellt werden, daß im Vergleich zu den übrigen Gebieten der Graue Salzton im Nordteil der DDR wesentlich stärker anhydritisch ausgebildet ist. Analog zum Südrand des Beckens ergibt sich auch für den Norden ein Übergehen der magnesitischen in die dolomitische Fazies im Hangenden des T3-Horizonts, die im unmittelbaren Randbereich durch wallartige Bildungen gekennzeichnet sind (Abb. 6a).

Ferner ergab der Vergleich eine Mächtigkeitszunahme des T3 zum Beckenrand hin (vgl. auch KOSMAHL 1967), am Südrand (Thüringer Becken) noch wesentlich stärker als am Nordrand.

Terrestrischer Grauer Salzton wurde im Untersuchungsgebiet nicht nachgewiesen. Dieser tritt vermutlich erst viel weiter östlich im Zechstein im Norden der VR Polen auf.[1])

Zusammenfassung

Lithologische Untersuchungen an Kernmaterial des Grauen Salztons aus verschiedenen Gebieten der DDR erbrachten folgende Ergebnisse:

Die nach der qualitativ-quantitativen Mineralzusammensetzung ermittelten Gesteinstypen einschließlich ihrer Makro- und Mikrogefüge wurden für die Erarbeitung des feinstratigraphischen Schemas für den Nordteil der DDR herangezogen und nach paläogeographischen Gesichtspunkten gesondert behandelt. Die noch heute gültige Dreigliederung des Grauen Salztons konnte auch für das Untersuchungsgebiet bestätigt werden.

Auf der Grundlage einer substantiellen und gefügemäßigen Analyse der Teilhorizonte des Grauen Salztons und seiner Übergänge wurden für den Nordteil der DDR Profiltypen ausgegliedert.

Die Ergebnisse der Spurenelementverteilung für die Elemente Ba, Sr, Mn, V, Cu und Pb dienten der geochemischen Charakterisierung der Gesteine. Dabei ergab sich eine Anreicherung von Mn, V und Cu bevorzugt im T3s, während Sr-Maxima im A2r und T2r auftraten. Somit ergab die vertikale Spurenelementverteilung die Bestätigung der Richtigkeit des Gliederungsprinzips für den Grauen Salzton des Untersuchungsgebiets.

Abschließend werden in einem Korrelationsschema die Mächtigkeit und lithologische Ausbildung des T3 und seiner Übergänge im Untersuchungsgebiet dargestellt und Vergleichsprofilen aus anderen Gebieten der DDR, dem Nordwesten der BRD und der VR Polen gegenübergestellt.

Резюме

Литологические исследования керна серой соляной глины из различных областей ГДР дали следующие результаты:

Выделенные по качественно-количественному минералогическому составу типы пород, включая их макро- и микроструктуру, были взяты для разработки дробной стратиграфической схемы для северной части ГДР и рассматривались с учетом их палеогеографии. Пока еще принятое тройное расчленение серой соляной глины было установлено также и для исследуемого района.

На основе вещественного и структурного анализа составных горизонтов серой соляной глины и ее переходов были выделены для северной части ГДР типы разрезов.

Результаты распределения микроэлементов Ba, Sr, Mn, V, Cu и Pb послужили для геохимической характеристики пород. При этом имело место обогащение Mн, Б и Су преимущественно в T3s, в то время как

[1]) Für wertvolle Diskussion und Anregungen bin ich vor allem den Herren Dr. habil. LANGBEIN und Dr. habil. SEIDEL zu großem Dank verpflichtet. Ferner habe ich der Leitung des ZGI für die Ermöglichung dieser Arbeit zu danken, ebenso Herrn Dr. NÖLDEKE, Herrn GOTTESMANN und Frau LANGER.

максимум Sr был встречен в A2r и T2r. Таким образом вертикальное распределение микроэлементов дало подтверждение правильности принципа расчленения серой соляной глины в исследуемом районе.

В заключение в корреляционной схеме представлены мощности и литологический состав T3 и и переходов в исследуемом районе и приведено сопоставление сравнительных разрезов из других областей ГДР, северо-запада ФРГ и ПНР.

Summary

Results obtained by lithological studies of core material of the Grey Salt Clay from various areas of the G.D.R. were as follows:

Rock types including their macrofabrics and microfabrics determined by the qualitative-quantitative mineralogical composition were used to work out a refined stratigraphical scheme for the northern part of the G.D.R., and were separately treated by palaeogeographical aspects. The tripartition still valid today for the Grey Salt Clay could also be determined for the area of investigation.

From a substantial and petrofabric analysis of partial horizons of the Grey Salt Clay and its transitions types of sections were eliminated for the northern part of the G.D.R.

Results of distribution obtained for the trace elements Ba, Sr, Mn, V, Cu and Pb served to characterize the rocks geochemically. An enrichment of Mn, V and Cu was preferredly obtained in the T3s section, whereas Sr maxima were found in the A2r and T2r sections. Thus the validity of the principle of division for the Grey Salt Clay of the area of investigation was confirmed by the vertical distribution of the trace elements.

To conclude, the thickness and lithological development of T3 sections and their transitions in the area of investigation are respresented by a correlation scheme, and are compared with sections from other areas of the G.D.R., the Federal Republic of Germany, and the People's Republic of Poland.

Literatur

BRAITSCH, O.: Entstehung und Stoffbestand der Salzlagerstätten. — Mineralogie und Petrographie in Einzeldarstellungen, Springer Verlag (1962).

DÖHNER, CH.: Ausbildung und Genese des Steinsalzbestegs des Staßfurtflözes im Südharzgebiet und seine Bedeutung für die geologische Erkundung. — (Vortrag auf dem III. Kalisymposium am 30. 9. 65 in Magdeburg; Verteidigung des Forschungsauftrags Decksteinsalz am 5. 11. 1965 in Sondershausen.)

JUNG, W., & G. JANKOWSKI: Nachtrag zur Ausbildung des Zechstein 3 und 4 im südöstlichen Harzvorland. — (In Vorbereitung für den Druck in der Zeitschrift „Geologie".)

KOSMAHL, W.: Grauer Salzton und Hauptanhydrit des Zechsteins in Nordwestdeutschland. — Geol. Jb., 84, Hannover 1967.

KRÜGER, P.: Geochemische Untersuchungen an Sedimenten des oberen Zechsteins. — Unveröffentl. Diplomarbeit der Bergakademie Freiberg 1958.

LANGBEIN, R.: Geochemische Untersuchungen an Salztonen des Zechsteins im Südharz-Kalirevier. — Chemie der Erde, 23, H. 1 (1963).

MOSLER, H.: Der Stoffbestand und Fossilinhalt des Grauen Salztones im südlichen Bereich der DDR. — Freiberger Forsch. H., C 201, Reihe Geologie (1966).

MÖTZING, R.: Untersuchungen am Kopf des Kalisalzlagers Staßfurt im Nordharz- und Unstrutkaligebiet unter besonderer Berücksichtigung des Decksteinsalzes und des Tonanhydrits. — Unveröff. Diss. Min. Inst. der Univ. Leipzig 1966.

NIEMANN, H.: Untersuchungen am Grauen Salzton der Grube „Königshall-Hindenburg" und Reyershausen bei Göttingen. — Beitrag zur Min. u. Petrogr., 7 (1960).

POBORSKI, J.: Die faziellen Verhältnisse im Zechsteinbecken Polens. — Kwartalnik Geologizny, Warszawa, 8, 1 (1964).

PRIMKE, J., & I. KNAK: Stratigraphie und Fazies des Zechsteins im südöstlichen Subherzyn. — Exkursionsführer zur 10. Jahrestagung der Geol. Ges. in der DDR, 1963.

REICHENBACH, W: Ergebnisbericht Kalisalzsucharbeiten Scholle von Calvörde (1. Etappe) 1963—1966. — Unveröff. Ber., VEB GFE Halle, 30. 9. 1966.

SCHIRRMEISTER, U.: Zur Feinstratigraphie des Grauen Salztons (T3) und seiner Übergänge sowie stratigraphischen Korrelation mit T3-Profilen aus verschiedenen Gebieten der DDR, NW-Deutschlands und der nördlichen VR Polen. — Unveröff. Diplomarbeit, Berlin 1967.

SCHULZE, G., CH. GREULICH, & H. SEIFERT: Untersuchungen am Grauen Salzton im Spaltendiapir des oberen Allertales. — Z. angew. Geol., 8, Berlin 1962.

SEIDEL, G.: Zur geologischen Entwicklungsgeschichte des Thüringer Beckens. — Geologie, Bh. 50, Berlin 1965.

TONNDORF, H.: Beiträge zur Geochemie des randnahen Zechsteins in den Mulden von Zeitz—Schmölln und Borna unter besonderer Berücksichtigung der Stratigraphie, Fazies und Paläogeographie. — Freiberger Forsch.-H., C.

ULLRICH, H.: Zur Stratigraphie und Paläontologie der marin beeinflußten Randfazies des Zechsteinbeckens in Ostthüringen und Sachsen. —

Die hydrogeologischen Verhältnisse in der mittleren Tihama

Ein Beitrag zur Geologie der Jemenitischen Arabischen Republik

WALTER KRAFT, Freiberg, FRITZ GARLING, Dresden, & JÜRGEN MATECKI, Berlin

(Mitteilung aus dem VEB Hydrogeologie, Nordhausen)

1. Einleitung

Die geologische Erforschung des Jemens ist bis zum gegenwärtigen Zeitpunkt noch sehr lückenhaft, und der derzeitige Wissensstand beruht vorwiegend auf Veröffentlichungen über Reisen, die verschiedene Forscher bis Ende der 30er Jahre im Jemen unternahmen. Stellvertretend für alle diese Pioniere der Erforschung des Jemens seien hier NIEBUHR, BOTEZ, BENEYTON, GLASER, LAMARE, PHYLBY, RATHJENS und v. WISSMANN genannt.

Etwa ab 1950 führten verschiedene Länder geologische Sondierungs- und Erkundungsarbeiten im Jemen durch, wobei z. T. auch tiefe Bohrungen abgeteuft wurden. Leider sind aber die Ergebnisse kaum veröffentlicht worden, so daß sich das allgemein zugängliche geologische Wissen über den Jemen seit Ende der 30er Jahre nicht wesentlich erweitert hat. Dies trifft besonders auf das Gebiet der Tihama zu.

Veröffentlichungen über die Hydrogeologie des Jemens sind bisher nicht bekannt geworden, so daß der von uns vorgelegte Aufsatz über die hydrogeologischen Verhältnisse des in Abb. 1 dargestellten Gebietes der erste Beitrag zur Hydrogeologie der Jemenitischen Arabischen Republik — speziell der Tihama — sein dürfte.

2. Wasserversorgungsverhältnisse

Allgemein ist bekannt, daß die Landwirtschaft in Trockengebieten viel unmittelbarer vom Klima abhängig ist als in gemäßigten Breiten der Erde. So bestimmen noch heute in erster Linie sporadische Niederschläge und die damit verbundene Hochwasserführung der Flüsse die Struktur der Landwirtschaft in der Tihama. Nur wenige Farmen befreiten sich in der Vergangenheit von dieser Abhängigkeit, indem sie zum Bewässerungsfeldbau mit Grundwasser übergingen. Die Wasserentnahme war sehr primitiv und wurde schon von v. WISSMANN (1937) als Ziehbrunnenbewässerung beschrieben. Erst durch die Einfuhr moderner Motorpumpen erhielt die Landwirtschaft einen enormen Aufschwung. Es entstanden zahlreiche Farmen, die meist Schachtbrunnen besitzen, deren Teufen je nach Lage des Grundwasserspiegels zwischen 10 und 40 m schwanken. Bestückt sind die Brunnen meist mit Pumpen, die eine Förderleistung von 30 m³/h haben. Gut bewährt haben sich die Beka-Pumpen aus der DDR. Bohrbrunnen sind noch selten, da es im Jemen nicht genügend Bohrkapazität gibt. Die wenigen vorhandenen Bohrbrunnen wurden meist von ausländischen Firmen hergestellt.

Der Bewässerungsfeldbau konzentriert sich besonders in einem Gebiet, das ca. 10 km östlich Hodeidah beginnt und bis an den Dünenzug bei Marawa heranreicht.

Die Trinkwasserversorgung der Dörfer erfolgt aus 10—40 m tiefen Schachtbrunnen. Jedes Dorf besitzt einen bis mehrere Gemeinschaftsbrunnen. Die Förderung geschieht manuell. Hodeidah ist z. Z. die einzige Stadt der mittleren Tihama, die eine zentrale Teilwasserversorgung besitzt. An sie sind der Hafen und die Neubauten der Stadt angeschlossen. Die Wasserfassung liegt ca. 4 km nordöstlich Hodeidah. Sie besteht aus vier 24—35 m tiefen Bohrbrunnen, deren Fördermenge zur Zeit ca. 120 m³/h betragen soll.

Abschließend kann gesagt werden, daß auf Grund des überall in erschließbarer Teufe vorhandenen Grundwassers und seiner beschränkten Entnahme zur Zeit kein Wassermangel besteht.

3. Geographie

Die Tihama liegt im östlichen Randbereich des im Tertiär entstandenen Roten-Meer-Grabens. Sie erstreckt sich über eine Länge von etwa 400 km und besitzt bis nördlich Zabid eine Breite von 40—70 km, südlich Zabid von 10—35 km. Begrenzt wird sie im Osten durch den etwa NNW—SSE streichenden Randabbruch des Roten-Meer-Grabens und im Westen durch das Rote Meer. Morphologisch stellt sie eine auf den ersten Blick wenig gegliederte Ebene dar, die allmählich von 0 m NN (mittlerer Wasserspiegel des Roten Meeres) an der Küste auf ca. 200 m über NN am Gebirgsrand ansteigt. Bei näherer Betrachtung sind aber Unterschiede zu erkennen. So konnten wir zwischen Wadi Siham und Wadi Bajil von W nach E folgende etwa N—S verlaufende Einheiten ausgliedern:

Küstenstreifen des Roten Meeres:

Breite ca. 1—2 km

In Gebieten mit Meeresabrasion kommen mäßig hohe Steilküsten vor. Es lassen sich bis zu 250 m breite Terrassen unterscheiden, die untereinander Höhenunterschiede von ca. 10 m besitzen.

In den übrigen Küstenabschnitten herrscht ein relativ breiter Strand vor. Es sind Gebiete, in denen infolge des Meereseinflusses hauptsächlich akkumuliert wird. Hierher gehören auch die Salzböden und künstlichen Salzgewinnungsgebiete sowie die breiten Strandflächen an den Mündungen der Wadis.

Fast überall sind entlang der Küste Dünen ausgebildet. Sie ragen allgemein nicht mehr als 5—15 m über ihre Umgebung auf.

Ebene zwischen Hodeidah und Marawa:

Breite ca. 20 km

Dieses Gebiet stellt eine flachwellige Wüstensteppe dar, die vor allem mit dem sehr harten und auf kleinen Hügeln vorkommenden Gras *Panicum turgidum* bewachsen ist. Übergänge zu vegetationslosen Sandflächen mit Dünenbildungen sind vorhanden.

Etwa 10 km östlich Hodeidah erfolgte in der jüngsten Zeit auf Grund der dort entstandenen und einen Bewässerungsfeldbau betreibenden Farmen eine künstliche Umgestaltung der Landschaft, die auch in Zukunft noch anhalten wird.

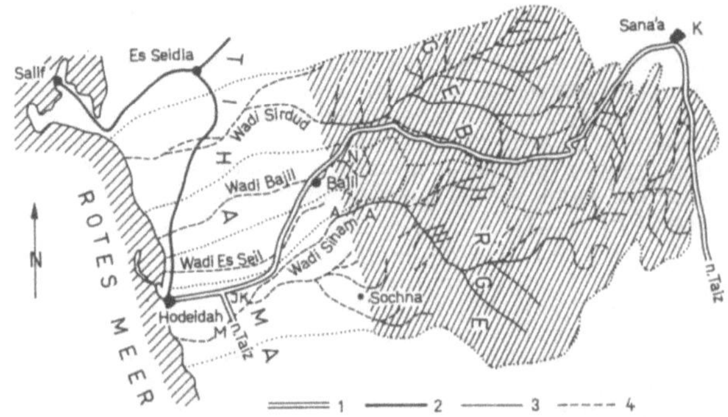

Abb. 1. Übersichtskarte des mittleren Jemen 1:1000000

1 — befestigte Straße; 2 — unbefestigte Straße; 3 — Wadi, ständig wasserführend; 4 — Wadi, zeitweise wasserführend
K — Klimastation, N — Niederschlagsmeßstelle, A — Abflußmeßstelle, J_K — Staatsfarm Jumaisha (mit Klimastation), M — Staatsfarm Mokeiminia (geplant), ···· — Einzugsgebiete der Wadis

Dünenzug bei Marawa:

Breite ca. 5 km

Dieser im zentralen Teil der Tihama entwickelte Dünenzug streicht vorwiegend NW und hebt sich gegenüber der Ebene um etwa 10—15 m heraus. Ein Teil dieser Dünen ist durch Pflanzenwuchs befestigt. Meist handelt es sich aber um lockere, verwehbare Dünensande.

RATHJENS (1962) deutete diese Dünen als „höhere Küstendünen einer alten Strandlinie".

Ebene zwischen Marawa und den Vorbergen bei Bajil:

Breite ca. 15 km

Es handelt sich hier um eine flachwellige Wüstensteppe mit Übergängen zu Sandflächen mit Dünenbildungen. Die Ebene wird außerdem durch das flache Tal des Wadi Es Seil unterbrochen. Die Vegetation besteht vorwiegend aus dem Gras *Panicum turgidum*, daneben kommen in den flachen Niederungen und im Übergang zur Vorgebirgssenke Sträucher vor.

Gebiet zwischen den Vorbergen bei Bajil und dem Kameltor:

Breite ca. 20 km

Dieses Gebiet wird zweimal durch die sog. Vorberge bei Bajil und zum anderen durch die Schotterflächen des Wadi Bajil charakterisiert. Bei den Vorbergen handelt es sich um Schollen, die aus mesozoischen Schichten aufgebaut sind und hier zutage treten.

Die Ablagerungen des Wadi Bajil sind typische Flußschotter, die eine Kornvergröberung zum Gebirge hin auch oberflächig erkennen lassen.

Die Vegetation ist teils die einer Busch- und teils die einer Kultursteppe.

Vorgebirge südlich Bajil bis Wadi Siham:

Breite ca. 5—10 km

Es ist dies eine flache Ebene, die sich mit 3—5° nach dem Gebirge hin erhebt.

Die Vegetation entspricht der einer Busch- bzw. Kultursteppe. In der Hauptsache wird Trockenfeldanbau betrieben. In jüngster Zeit sind Übergänge zum Bewässerungsfeldbau erkennbar. Im Gebiet des Schotterkegels des Wadi Siham befindet sich ein hochwasserabhängiger Terrassenfeldbau.

Auffallend ist die Erscheinung, daß die Tihama direkt am Gebirgsrand wieder tiefer liegt als im mittleren Bereich (Höhenzug bei Marawa). Hierauf hat schon RATHJENS (1944) aufmerksam gemacht. Er schreibt dazu: „Ob dieser Umstand nur durch Küstenablagerungen und Dünen eines alten Strandes im Mittelstreifen oder auch durch ein Absinken der Zone am Gebirgsfuß erklärt werden muß, läßt sich noch nicht erkennen."

Waditäler:

Die Waditäler verlaufen in der Tihama etwa E—W. Sie sind im Relief nicht überall deutlich ausgeprägt. Am schärfsten zeichnet sich noch das Wadi Siham von seiner Umgebung ab. Das Tal dieses Wadis ist am Gebirgsrand zwischen 10—20 m und vom mittleren Teil der Tihama an bis zum Meer hin nur noch 1—3 m tief in die Umgebung eingeschnitten. Am Gebirgsrand lassen sich beim Wadi Siham bis zu drei Überschwemmungsterrassen nachweisen. Die erste liegt etwa 1 m über dem Flußbett und besitzt eine Breite von 50—100 m. Die zweite befindet sich etwa 10 m darüber und wird bis zu 200 m breit. Eine dritte Terrasse liegt in 20 m Höhe über dem Flußbett und geht allmählich in die Ebene über. Die Verfolgung der einzelnen Terrassen ist oft sehr schwierig.

Die Form der Waditäler ist kastenförmig. Die Talauen und Talränder zeigen teilweise eine reiche, wenn auch artenarme Vegetation. Wo es möglich ist, wird in den Tälern Feldbau betrieben. Die beschriebenen morphologischen Einheiten gehen ineinander über und lassen sich deshalb nicht streng voneinander abgrenzen.

4. Hydrographie

Die Hydrographie der mittleren Tihama wird allein durch die Wadis geprägt. Es handelt sich um Flußläufe, die die Niederschläge des Gebirges und der Gebirgstihama abführen. Während die Wadis mit großen Einzugsgebieten in diesen beiden Bereichen ständig Wasser führen (Wadi Siham, Wadi Sirdud), versickert dasselbe bei Eintritt der Wadis in die Tihama. So ist z. B. das Wadi Siham etwa 5—10 km vom Gebirgsrand entfernt meist schon trocken. Nur bei ganz extrem hohen Niederschlägen erreicht das Wasser der Wadis das Rote Meer. Dies war Mitte August 1967 der Fall. Im gesamten Einzugsgebiet fielen wolkenbruchartige Niederschläge. In kurzer Zeit verwandelte sich das Wadi Siham in einen reißenden Strom, der weit über seine bis dahin angedeuteten Ufer trat und dabei große Verwüstungen anrichtete. Besonders deutlich war dies etwa 2 km vom Gebirgsrand entfernt zu beobachten. Hier hatte man das Wadital durch einen Damm abgeriegelt und das Wasser auf die Felder geleitet. Durch diesen Damm wurde im Laufe der Zeit die Flußsohle um rd. 4 m gegenüber dem alten Tal angehoben. Bei dem Hochwasser brach der Damm, und die Flußsohle wurde wieder auf das alte Niveau verlegt (s. Abb. 2).

Während unserer Arbeiten führten wir zwischen Bajil und Obal am Wadi Siham einmal monatlich Abflußmessungen durch (Tab. 1). Messungen zur Zeit des

Abbildung 2

Tab. 1. Tabellarische Zusammenstellung der monatlich einmal im Wadi Sihan gemessenen Abflüsse

Datum der Messung	Abfluß (l/s)
5. 11. 1966	> 50
15. 12. 1966	>200
25. 1. 1967	200
27. 2. 1967	175
29. 3. 1967	310
23. 4. 1967	10340
19. 5. 1967	1474
1. 7. 1967	1237
31. 7. 1967	2238
18. 9. 1967	4693

Hochwassers waren nicht möglich, da die Meßstelle durch die Überschwemmungen des Wadi Bajil nicht zu erreichen war. Anhand des Spülsaums konnte später die Durchflußfläche bestimmt werden. Es ergab sich eine Durchflußflächenvergrößerung um etwa das 20fache. Die Hochwasserspitze wurde auf ca. 350 m^3/s geschätzt.

5. Klimatische Verhältnisse

Der Jemen besitzt auf Grund seiner geographischen Gegebenheiten eine Vielzahl von Klimagebieten. Diese deuten sich durch einen unterschiedlichen Witterungsverlauf an, wobei besonders der Temperaturgang und die Niederschlagsverteilung wesentliche Merkmale darstellen.

Eine Untergliederung in „Klimagürtel" wurde erstmals von C. RATHJENS sen. & G. KERNER (1959) vorgenommen. Ausgehend von den klimatischen Unregelmäßigkeiten und unter Beachtung einiger Unterschiede in der Pflanzen- und Tierwelt sowie der Bevölkerungsstruktur unterscheiden sie speziell für unseren Untersuchungsraum folgende Gebiete:

die regenarme, feuchte Küstentihama, mit geringen unregelmäßigen Niederschlägen, hohen Temperaturen, hoher Luftfeuchtigkeit und geringen täglichen sowie jährlichen Temperaturschwankungen;

die trocknere, gebirgsnahe westliche Tihama, mit z. T. geringen Niederschlägen, jedoch zwei Regenzeiten (Sommer und Winter), größeren Schwankungen von Temperatur und Luftfeuchtigkeit und täglich wechselnden Winden; im Frühjahr Staubstürme;

die westliche Gebirgstihama, täglich zweimal wechselnde Luftströmung W—E, Verteilung relativ hoher Niederschlagshöhen über das ganze Jahr, hohe Tagestemperaturen, Abkühlung in der Nacht;

die westlichen Gebirgshänge, ganzjährige Niederschläge, regional 1000 mm, gleichmäßiges, mildes Klima, winterliche Nachtfröste;

das Hochland, mit wechselnden Klimaten in den Randzonen, dem eigentlichen Hochland und den Talebenen des Hochlandes. In den Randzonen ganzjährige Niederschlagsverteilung mit relativ hoher Menge, mittlere Jahrestemperatur etwa +18 °C. Das Hochland mit sommerlichen Niederschlägen in geringerer Menge und einer mittleren Jahrestemperatur um +15 bis + 13 °C. Für die Talebenen sind sommerliche, nur vereinzelt winterliche Niederschläge festzustellen, mittlere Temperaturen +16 bis +17 °C, mit großen Tag- und Nachtschwankungen.

Hierzu muß darauf hingewiesen werden, daß diese Untergliederung nur auf allgemeinen Feststellungen und Beobachtungen basiert. Soweit meteorologische Beobachtungen überhaupt verwendet werden konnten, waren sie nur lokal und über kurze Zeiträume durchgeführt worden. Fortlaufende langjährige Beobachtungen an meteorologischen Stationen werden auch jetzt noch nicht vorgenommen.

In Verbindung mit den Erschließungsarbeiten in der Tihama wurden vom VEB Hydrogeologie, Nordhausen, zwei meteorologische Meß- und Beobachtungsstationen errichtet. Die hier erhaltenen Ergebnisse sollen einen Beitrag zur Klimakunde, die bisher im Jemen nur ungenügend geklärt ist, darstellen.

6. Meteorologische Beobachtungen

Die Station, die meteorologische Beobachtungen für den Bereich der Tihama ermöglichen sollte, wurde in Jumaisha errichtet. Jumaisha liegt etwa 16 km von der Küste des Roten Meeres entfernt, 40 m über NN. Die Aufstellung der Wetterhütte erfolgte im freien Gelände, 2,0 m über dem Erdboden. Die Wände der Hütte wurden allseitig als Jalousien ausgebildet. Die technische Ausrüstung bestand aus folgenden Geräten: a) Maximum- und Minimum-Thermometer, b) Hygrograph, c) Thermograph und d) ASSMANNsches Aspirationspsychrometer.

Weiterhin wurde ein HELLMANNscher Regenmesser aufgestellt. Die Ablesung der Geräte erfolgte täglich um 7.00 Uhr und 17.00 Uhr Ortszeit durch arabische Hilfskräfte unter Anleitung der Verf.

Eine zweite Hütte wurde in Sana'a aufgestellt, die Konstruktion und Ausrüstung entsprach der in Jumaisha. Sana'a liegt auf einer Talebene im Hochland, ca. 2400 m über NN.

Die Ablesungen wurden freundlicherweise von den DDR-Ärzten Dr. VOIGT und Dr. BUSCH-PETERSEN sowie den Krankenschwestern SCHMIDT und HABERKORN vorgenommen. Die Termine lagen überwiegend zwischen 7.30—8.00 Uhr und um 17.00 Uhr.

Die Zusammenfassung der Ableseergebnisse beider Stationen erfolgte in Listen.

7. Witterungsverlauf in Jumaisha

Dieses Gebiet hat eine Geländehöhe von ca. +40 m NN. Der Temperaturverlauf für den Zeitraum November 1966 bis September 1967 ist in Abb. 3 dargestellt. Die Monate Dezember und Januar mit Mittelwerten von +24,7 °C und +24,3 °C weisen die niedrigsten Temperaturen auf. Ab Januar erfolgt ein Ansteigen der mittleren Monatstemperaturen bis zum Juli um monatlich 0,4 bis 2,4 °C. Das Maximum erreicht die mittlere Monatstemperatur im Monat Juli mit +32,9 °C. Absolute Maximalwerte sind im Mai und Juni mit +40 °C (Tagestemperatur) zu verzeichnen. Die absoluten Minimalwerte sind für die Monate Dezember bis März mit +15 °C festzustellen. Während der Monate August und September bewegt sich die mittlere Monatstemperatur zwischen +31,9 °C und +32,1 °C.

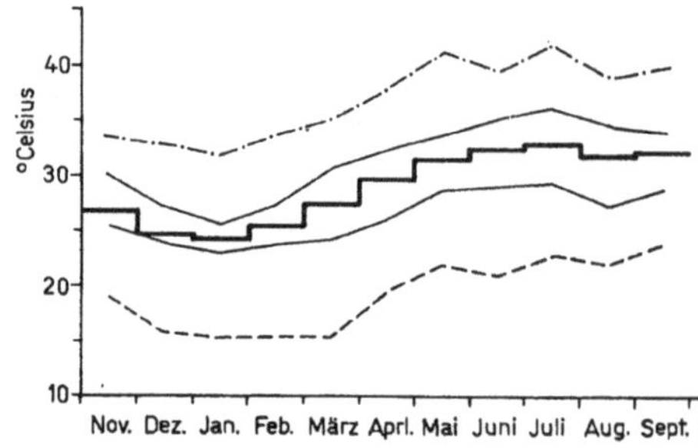

Abb. 3. Monatlicher Temperaturverlauf Jumaisha 1966/67
Die Kurven bedeuten von oben nach unten;
absolutes Maximum der Tagestemperatur des Monats, höchste mittlere Tagestemperatur des Monats, mittlere Monatstemperatur, niedrigste mittlere Tagestemperatur des Monats, absolutes Minimum der Nachttemperatur des Monats (siehe auch Abb. 5 u. 7)

Die Tagesschwankungen der Temperatur betragen im Winterhalbjahr ca. 15 °C und im Sommerhalbjahr ca. 10 °C. In der Abb. 4 ist der typische Gang der Temperatur über den Zeitraum einer Woche (23. 1.—29. 1. 1967) dargestellt. In dieselbe Abbildung wurde die Ganglinie der relativen Luftfeuchtigkeit aufgenommen. Aus dieser Gegenüberstellung ist die Abhängigkeit von Lufttemperatur und relativer Luftfeuchtigkeit sehr klar ersichtlich. Nach den Aufzeichnungen des Hygrographen liegt allgemein die relative Luftfeuchtigkeit in der Zeit von 14—15 Uhr am niedrigsten und erreicht gegen 6—7 Uhr das Maximum. Zum morgendlichen Ablesetermin lagen die gemessenen Werte für die relative Luftfeuchtigkeit im Zeitraum Dezember bis Juli zwischen 70 und 90%, in den Monaten Juni und Juli dagegen bei 50—70%. Zum Nachmittagstermin, an dem die Lufttemperaturen höher liegen, sind für die Monate Dezember bis März 50—70%, April bis Mai 40—65%, im Juni 40—80%, im Juli 40—60%, im August und September 60—90% gemessen worden.

In Abb. 5 ist der Temperaturverlauf für das Jahr 1963 einer Station in Hodeidah, sie wurde vom „Ministry of Transport" betrieben, dargestellt. Diese Angaben sind die einzigen, die zu einem direkten Vergleich herangezogen werden können. Leider waren über eventuell weitere Beobachtungen an dieser Station keine Angaben erhältlich. Die Station, die vermutlich auf dem Militärflughafen von Hodeidah eingerichtet war, liegt rund 12 km westlich der Station Jumaisha.

Beachtenswert sind die geringen Differenzen von +0,3 bis ±0° C zwischen den jeweiligen mittleren Monatstemperaturen beider Ganglinien (Abb. 5 und 3). Außerdem ist festzustellen, daß, bedingt durch die geringere Entfernung der Station Hodeidah zum Roten Meer, die Amplitude zwischen den Tages- und Nachtextremwerten kleiner ist. Besondere Unregelmäßigkeiten zeigen sich in den Niederschlägen (Abb. 6). Nach RATHJENS & KERNER, die sich auf Meßergebnisse von Kameran, Perim und Aden beziehen (N = 35—84 mm/a), erfolgt die Niederschlagsverteilung über das

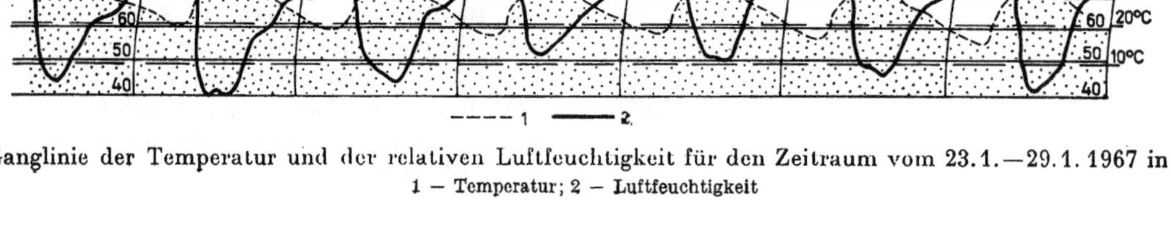

Abb. 4. Ganglinie der Temperatur und der relativen Luftfeuchtigkeit für den Zeitraum vom 23.1.—29.1.1967 in Jumaisha
1 — Temperatur; 2 — Luftfeuchtigkeit

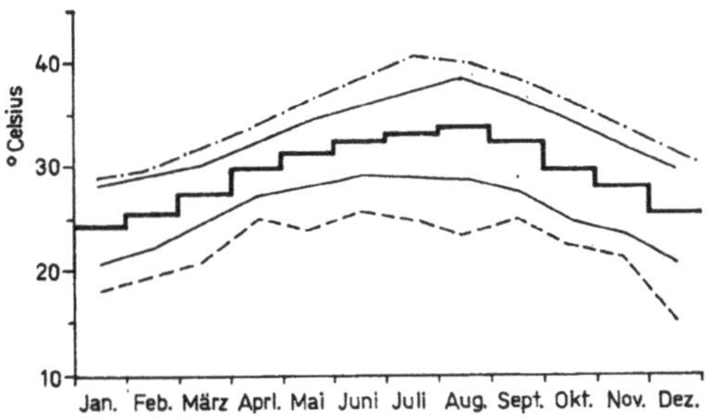

Abb. 5. Monatlicher Temperaturverlauf Hodeidah 1963
(Legende siehe Abb. 3)

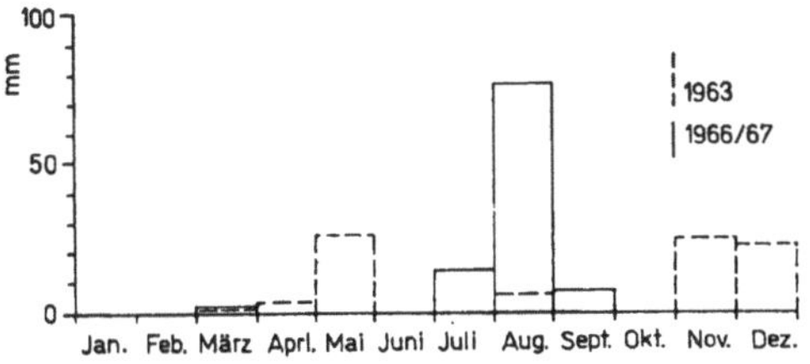

Abb. 6. Monatssummen des Niederschlags in Jumaisha (November 1966 bis September 1967) und Hodeidah 1963

ganze Jahr, sie soll jedoch im Winterhalbjahr ihre größte Intensität erreichen. Im Zeitraum November 1966 bis September 1967 fielen Niederschläge in Jumaisha in insgesamt sechs Monaten. Im Winterhalbjahr wurde lediglich im März (1 mm) ein kaum nennenswerter Niederschlag gemessen. Erst während der Sommermonate ist es zu Niederschlägen gekommen, die im Monat August mit 77,2 mm ihren Höchstwert erreichten. Der höchste Tagesniederschlag betrug dabei am 14. 8. 1967 35,5 mm. Im Juli wurden insgesamt 14,5 mm und im September 7,0 mm gemessen. Zusammen ergibt sich für den Beobachtungszeitraum eine Niederschlagssumme von 99,7 mm, die sich auf 13 Tage verteilt.

Durch die Beobachtungen im Jahre 1963 in Hodeidah wurden für diesen Raum Niederschläge in den Monaten März bis Mai, August, November und Dezember festgestellt. Die Niederschlagssumme betrug 84,7 mm.

Die Niederschläge an der Meßstelle Kameltor am Gebirgsrand (Klimabereich westliche Gebirgstihama) betrugen im Beobachtungszeitraum (23.12. 1966—31. 8. 1967) mehr als 416,8 mm, wie Tab. 2 zeigt.

Tab. 2. Zusammenstellung der Niederschläge an der Meßstelle Kameltor

Beobachtungszeitraum	Niederschlag (mm)
23. 12. 1966 – 25. 1. 1967	–
25. 1. 1967 – 14. 2. 1967	9,0
14. 2. 1967 – 27. 2. 1967	0,8
27. 2. 1967 – 31. 3. 1967	13,5
31. 3. 1967 – 30. 4. 1967	67,5
30. 4. 1967 – 31. 5. 1967	130,0
31. 5. 1967 – 28. 6. 1967	>140,0
28. 6. 1967 31. 7. 1967	11,0
31. 7. 1967 – 31. 8. 1967	45,0
	Σ416,8

8. Witterungsverlauf in Sana'a

Die Beobachtungen in Sana'a bestätigen im wesentlichen die bisherigen Beobachtungen und Ausführungen von RATHJENS.

Die 1966/67 durchgeführten Beobachtungen der Monate November bis Juni und August ergaben entsprechend der Darstellung in Abb. 7 mittlere Monatstemperaturen von +10 °C bis +20 °C. Die Schwankungen zwischen Tages- und Nachttemperaturen betrugen im Winterhalbjahr bis zu 20 °C, liegen im Sommerhalbjahr bei 10 °C, können aber, wie z. B. im August festgestellt wurde, noch wesentlich darunter liegen.

Die relative Luftfeuchtigkeit ist im Vergleich zu Jumaisha geringer. Zum Frühtermin liegt sie vorwiegend zwischen 30 und 50% und hat bis zum Mai eine steigende Tendenz. Es werden Werte von 60—70% gemessen. Sie fällt dann aber wieder ab und erreicht Werte von 30—50%. Im August ist jedoch nochmals eine Häufigkeit höherer Werte feststellbar. Zum Nachmittagstermin ist bei einer allgemein geringeren relativen Luftfeuchtigkeit die gleiche Tendenz wie zum Frühtermin vorhanden. Die niedrigsten Werte mit 10% wurden mit größter Häufigkeit in den Monaten Dezember und Januar erreicht, in den anderen Monaten nur an vereinzelten Tagen. Niederschläge (Abb. 8) fielen nur in den Monaten März bis Mai, Juli und August. Im Vergleich zu den bisher vorliegenden Meßwerten der Niederschläge ist die im Beobachtungszeitraum gefallene Niederschlagsmenge von 261,1 mm relativ hoch.

9. Geologische Verhältnisse

Die Tihama gehört, wie bereits erwähnt, zum Senkungsfeld des im Tertiär in das große präkambrische Grundgebirgsmassiv von Nordostafrika und Westarabien eingebrochenen Roten-Meer-Grabens. Durch junge Aufschüttungssedimente sind die präquartären Ablagerungen im Bereich der Tihama fast vollständig verdeckt. Rückschlüsse lassen sich jedoch anhand der Ablagerungen am Gebirgsrand und auf der Hochfläche ziehen. Es ist anzunehmen, daß die hier angetroffenen Schichten auch am Aufbau der Tihama beteiligt sind. Nach WISSMANN, RATHJENS, KOSSMAT (1942); FRICKE (1959); SCHOTT (1960); GEUKENS (1966) und dem Bericht rumänischer Erdölgeologen von 1966 kann das in der folgenden Übersicht dargestellte, stark schematisierte Profil aufgestellt werden.

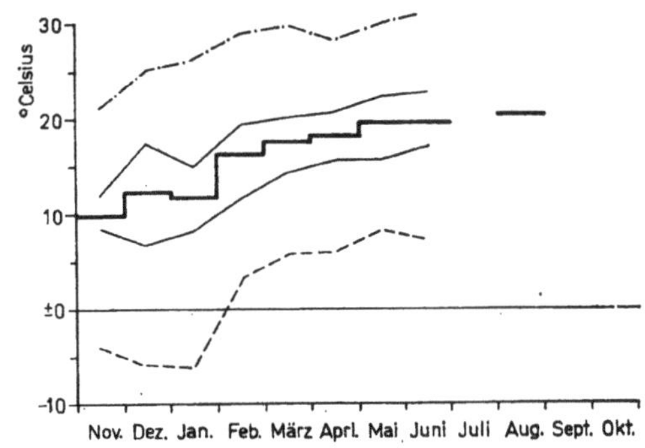

Abb. 7. Monatlicher Temperaturverlauf Sana'a (November 1966 bis Mai 1967 und August 1967)
(Legende siehe Abb. 3)

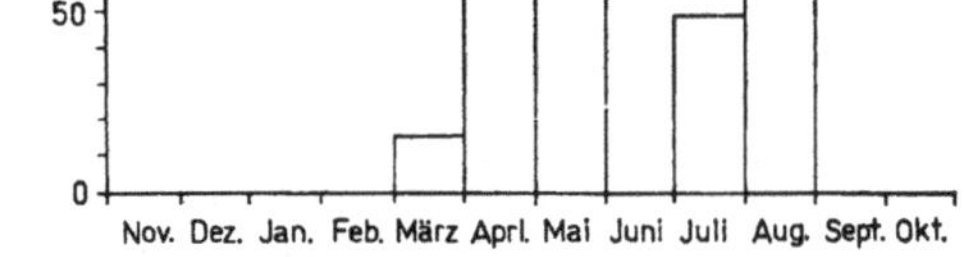

Abb. 8. Monatssummen des Niederschlages in Sana'a (November 1966 bis Mai 1967 und Juli/August 1967)

Kreide-Tertiär	1000 m	Trapp-Serie	Basalte, Rhyolithe, Tuffe, Tuffite, Trachyt
Kreide	300 m	„Nubischer Sandstein"	klastische Serie von verschiedenfarbigen Sandsteinen, Quarzitsandsteinen, Quarziten, Konglomeraten
Oberer Jura	380–600 m	Anram-Serie	vorwiegend kalkhaltig; Kalke, Kalksteine, Mergel, Sandsteine, Dolomite
Jura (Lias) oder älter	200–500 m	Kohlan-Serie	vorwiegend grobklastisch; Sandsteine, Kalksandsteine, Konglomerate, Argillite
Präkambrium		Grundgebirge	Granite, Pegmatite, Hornblendesyenite, Diorite, Marmor, kristall. Schiefer

Nach Ansicht der rumänischen Geologen können auch noch paläozoische Formationen am Aufbau der Tihama beteiligt sein. Sie halten die Argumente für ein Fehlen dieser Schichten gegenwärtig für unzureichend. Unklar ist auch das Vorhandensein der Trapp-Serie in der Tihama. Auf Grund ihrer Beobachtungen im Gebiet Bajil—Kuteia—Wadi Siham, wo die mesozoischen Schichten ohne vulkanische Bedeckung zutage treten, und der Informationen über die in der Tihama abgeteuften Tiefbohrungen schlußfolgern die rumänischen Geologen, daß vulkanische Gesteine wenigstens im Gebiet Salif—Seidia—Hodeidah fehlen. Sie vermuten aber, daß zeitliche Äquivalente der bis zu 1000 m mächtigen Vulkanabfolge auf der Hochfläche in der Tihama vorkommen können (Sandsteine, Kalksteine u. a.).

Die neozoischen Ablagerungen der Tihama wurden bisher sehr wenig beschrieben. Man beschränkte sich dabei fast ausschließlich auf die Salzvorkommen bei Salif. Auf Grund ihrer Beobachtungen entlang der Küstenlinie (Ras, Khatib, Salif, El-Guma, Lohaiya) unterscheiden die rumänischen Geologen innerhalb der neozoischen Ablagerungen eine untere und eine obere Folge.

Die untere Folge

Sie besteht aus überwiegend chemischen Fällungsgesteinen (Salzen), die von tonig-schiefrigen Mergeln, schiefrigem Gips, tonhaltigem Sandstein, bituminösen und mergelig-porösen Kalksteinen u. a. überlagert werden. Die gesamte Abfolge wird als Salzformation der Tihama bezeichnet und anhand zahlreicher Analogieschlüsse ins Miozän gestellt. Die Mächtigkeit wird auf mehr als 2500 m geschätzt. An verschiedenen Orten (El-Guma, Salif) liegt Diapirismus vor.

Die obere Folge

Diese setzt sich im Gebiet von Salif, wo sie die Salzformation der Tihama überlagert, aus überwiegend verwitterten Sanden, Sandsteinen, Konglomeraten, Tonen, Kalksteinen, Gips u. a. zusammen. Das Alter wird ohne paläontologische Beweise ins Pliozän—Pleistozän gestellt. Die Mächtigkeit der Folge beträgt rd. 150 m.

Zu einer ähnlichen Alterseinstufung kamen bereits die Geologen der Firma C. Deilmann Bergbau GmbH, Rentheim (in FRICKE 1959), die auf Grund mikropaläontologischer Beweise die hangenden Schichten bei Salif als marinrezent und tiefer gelegene mit Vorbehalt ins Oberpliozän einstuften.

Im Untersuchungsgebiet selbst wurden bisher durch hydrogeologische Bohrungen bis zur jeweiligen Endteufe (maximal 213 m) marine und kontinentale Bildungen des Quartärs erbohrt. Da mikropaläontologische Untersuchungen eine stratigraphische Einstufung nicht ermöglichen, werden sie analog der bei Salif beschriebenen Folge ins Quartär gestellt. Die marinen Ablagerungen (verschiedenkörnige Sande mit Kiesen und Geröllen, mürbe Sandsteine und Konglomerate sowie Schiefertone) nehmen einen bis zu 12 km breiten Streifen entlang dem Roten Meere ein.

Die östlich anschließenden kontinentalen Bildungen werden von den Verf. in Anlehnung an RUCHIN (1953) in folgende vier genetische Typen untergliedert:

a) alluvial-proluviale Ablagerungen,
b) proluviale Ablagerungen,
c) deluvial-proluviale Ablagerungen,
d) äolische Ablagerungen.

Die alluvial-proluvialen Ablagerungen sind in den Tälern der Wadis entwickelt, von denen mehrere die Tihama in etwa ostwestlicher Richtung durchziehen. Auf Grund von Laufveränderungen, vor allem im westlichen Teil der Tihama, haben diese Wadi-Ablagerungen wahrscheinlich eine relativ weite Verbreitung. Sie bestehen im Vorgebirge aus Blöcken, Steinen und Kiesen mit Sand, Schluff und seltener auch Ton.

Mit der Entfernung vom Gebirge werden die Ablagerungen feiner, so daß in Küstennähe kaum noch größere Gerölle auftreten. Die Mächtigkeit der Sedimente dieses Typs beträgt im Gebirgsvorland der östlichen Tihama bis über 20 m und im zentralen sowie westlichen Teil bis 40 m.

Eine Verzahnung von Sedimenten dieser Entstehung mit anderen genetischen Typen und Überlagerung durch letztere ist nicht selten. Der Verlauf solcher alter überdeckter Wadis ist auf Grund ihres vagabundierenden Charakters jedoch schwierig zu verfolgen.

Die proluvialen Ablagerungen bestehen aus verschiedenkörnigen Sanden mit Kiesen und Geröllen, z. T. schluffig-tonigen und meist mürben fein- bis grobkörnigen, selten schluffigen kalkhaltigen Sandsteinen und Konglomeraten und besitzen die größte Verbreitung (ca. 20 km breiter Streifen an die marinen Ablagerungen östlich anschließend). Sandige Tone und/oder sandige Schluffe sind in großer Anzahl eingelagert. Der charakteristische Unterschied zu den alluvial-proluvialen Ablagerungen besteht in ihrem höheren Anteil an feinkörnigem Material und ihrer teilweisen Verfestigung. Die Mächtigkeit beträgt mehr als 180 m. Über größere Strecken aushaltende tonig-schluffige Schichten von nennenswerter Mächtigkeit treten nicht auf.

Die nach Osten anschließenden proluvial-deluvialen Sedimente nehmen einen etwa 10—15 km breiten Streifen am Ostrand der Tihama ein. Sie bestehen aus umgelagertem grobklastischem, schlecht abgerolltem Material mit tonigem Bindemittel, das Einlagerungen (z. T. Wechsellagerung) von sehr dichten kalkhaltigen Tonen enthält, die nicht aushalten, so daß hydraulische Verbindungen zu den unterlagernden Festgesteinen bestehen. Die Mächtigkeit beträgt bis zu 90 m.

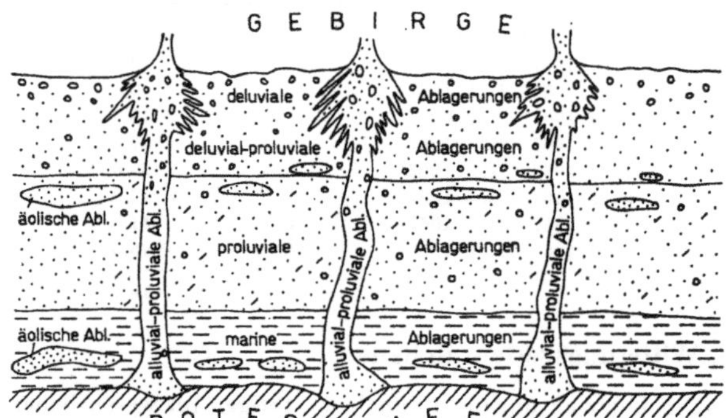

Abb. 9. Schematische Darstellung der Verbreitung der genetischen Ablagerungstypen

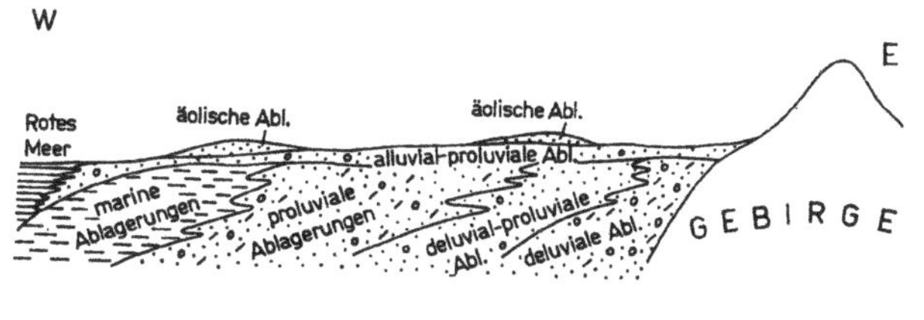

Abb. 10. Schematischer Schnitt entlang einem Wadi

Die Verbreitung der äolischen Sedimente beschränkt sich auf die zentrale und westliche Tihama. Sie bestehen im allgemeinen aus schwach schluffigem Feinsand, der in Form von bis zu 15 m hohen Dünen vorliegt.

Die stark schematisierte Verbreitung der beschriebenen genetischen Sedimente in der Vertikalen und Horizontalen zeigen die Abb. 9 und 10.

Die einzelnen genetischen Bereiche ergeben jedoch infolge Verzahnung ein weitaus komplizierteres Bild. So wurden z. B. während des gesamten Quartärs alluvial-proluviale Ablagerungen gebildet, die auf Grund des stark vagabundierenden Charakters der Wadis in allen anderen genetischen Bereichen auftreten. Auf Grund der Verzahnung ist eine relative Alterseinstufung der Schichten nur lokal möglich. Das Fehlen geeigneter Leithorizonte verhindert aber eine stratigraphische Untergliederung.

10. Hydrogeologische Verhältnisse

Lagerungsverhältnisse und petrographisch-lithologische Ausbildung der Grundwasserlagerstätte

Die marinen und kontinentalen Ablagerungen in der Tihama werden entsprechend ihren hydrogeologischen Verhältnissen und ihrer Bedeutung nach der genetischen Untergliederung zu vier wasserführenden, und zwar den alluvial-proluvialen, marinen und proluvialen, deluvial-proluvialen und kretazisch-jurassischen, Komplexen zusammengefaßt, die eine große Grundwasserlagerstätte bilden. In Abb. 13 ist die oberflächige Verbreitung der genannten Komplexe dargestellt. Der erste Komplex besteht aus den Ablagerungen der Wadis, die an der Oberfläche direkt, oft aber auch unter einer verschieden mächtigen Decke feinsandiger Schluffe oder schluffiger Feinsande (Löß), meist stark kalkhaltig, anstehen. Infolge des vagabundierenden Charakters der Wadis besitzt dieser Komplex eine relativ große Verbreitung. Diese meist grobklastischen Sedimente sind auch den Komplexen 2 und 3 eingeschaltet.

Die spezifischen Ergiebigkeiten liegen im Komplex 1, den alluvial-proluvialen Ablagerungen zwischen 3 und 22 l/s · m, die *kf*-Werte zwischen $2 \cdot 10^{-3}$ und $5 \cdot 10^{-4}$ m/s. Er steht mit allen anderen hydrogeologischen Komplexen in hydraulischer Verbindung.

Der zweite wasserführende Komplex, die quartär-marinen und proluvialen Ablagerungen, nimmt den ganzen westlichen und zentralen Teil der Tihama ein.

Einen Einblick in die Lagerungsverhältnisse und die petrographisch-lithologische Ausbildung der Komplexe 1 und 2 vermittelt ein hydrogeologischer Schnitt (Abb. 12) durch die Brunnentrasse der Staatsfarm Jumaisha, der im folgenden noch ausführlich beschrieben wird.

Sämtliche 14 Brunnen erbrachten unter bis zu 8 m mächtigen feinsandigen Schluffen und schluffigen Feinsanden, meist stark kalkhaltig (äolische Bildungen), zunächst alluvial-proluviale und dann bis zur Endteufe (durchschnittlich 80 m, maximal 135,6 m) proluviale Bildungen, denen vor allem in den nördlichen Brunnen alluvial-proluviale unterschiedlicher Mächtigkeit eingeschaltet waren. Die oberen alluvial-proluvialen Schichten sind bis ca. 18 m mächtig und bestehen aus sandig-steinigen Kiesen und kiesigen Sanden. Die unterlagernde, aus schlecht durchlässigen schluffigen Feinsanden, schluffig-tonigen Sandsteinen und Tonen sowie Schluff- und Tonsteinen bestehende Schicht ist maximal 10 m mächtig und keilt in Richtung Süden aus. Nun folgt der erste Grundwasserleiter, der zum überwiegenden Teil aus meist mittel- und grobkörnigen bis konglomeratischen, mürben bis sehr mürben, mehr oder weniger stark kalkhaltigen Sandsteinen mit einzelnen geringmächtigen Konglomeratlagen gleicher Beschaffenheit und aus kiesigem Sand besteht. Seine Mächtigkeit schwankt zwischen 12,8 und 26,5 m. In den Brunnen 2, 4 und 5 besteht dieser Grundwasserleiter aus grobklastischen, sehr gut durchlässigen (Durchlässigkeitsbeiwert um $1 \cdot 10^{-3}$ m/s) alluvial-proluvialen Ablagerungen. Hier wurden auch die höchsten spezifischen Ergiebigkeiten (22 l/s · m) ermittelt.

Der genannte Grundwasserleiter wird von einem aus Schluff- und Tonsteinen sowie stark schluffig-tonigen Sandsteinen bestehenden 2,9—15,6 m mächtigen Grundwasserstauer unterlagert. Der nach der Tiefe zu folgende, weniger gut durchlässige, maximal ca. 30 m mächtige Grundwasserleiter besteht zum überwiegenden Teil aus meist mittelkörnigen bis feinkonglomeratischen mürben, z. T. auch mäßig festen kalkhaltigen Sandsteinen mit geringmächtigen Konglomeratlagen. In den nördlichen Brunnen sind am Aufbau desselben auch grobsandig-steinige Kiese und kiesige Sande (alluvial-proluviale Bildungen) in erheblichem Maße beteiligt. Durch zwischengelagerte Schluff- und Tonsteine wird der zweite Grundwasserleiter lokal weiter untergliedert.

Bis zur Endteufe der Brunnen wurden dann undurchlässige, tonig-feinsandige Schluffsteine und/oder tonig-schluffige Sandsteine erbohrt. Im 135,6 m tiefen Brunnen 3 standen diese Schichten bis 130,8 m an. Allerdings waren ihnen von 98,9—104,1 m und 117,6 bis 119,4 m grobkörnige bis feinkonglomeratische, kalk-

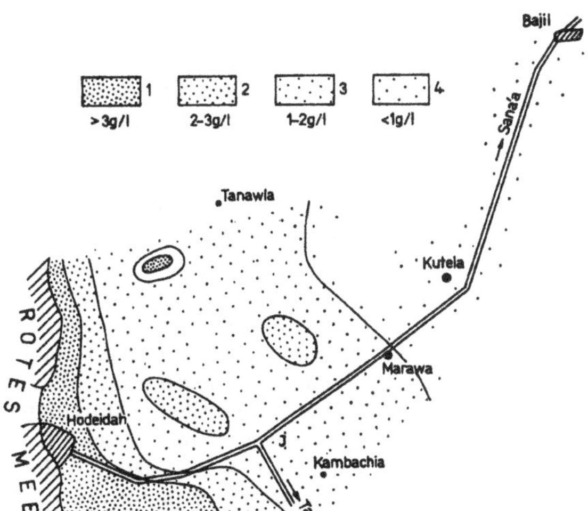

Abb. 11. Übersichtskarte der Grundwassermineralisation 1:200000

1 — > 3 g/l, 2 — 2—3 g/l, 3 — 1—2 g/l, 4 — < 1 g/l, 5 — J Staatsfarm Jumaisha, 6 — M Staatsfarm Mokeiminia (geplant)

haltige, meist mäßig feste Sandsteine eingeschaltet. Von 130,8—135,6 m wurde dann ein stark grobsandig-steiniger Kies (Ablagerungen eines alten Wadilaufes) sehr guter Durchlässigkeit mit stark salzhaltigem Grundwasser erbohrt. Für eine Bewässerung kam dieses aus qualitativen Gründen nicht in Frage.

Die Grundwasserlagerstätte besteht im Bereich der Fassungstrasse und wahrscheinlich auch in großen Teilen der Tihama bis in ca. 80 m Teufe aus zwei in der Vertikalen und Horizontalen sehr unterschiedlich durchlässigen Grundwasserleitern, die sich auf Schichten der alluvial-proluvialen und marin-proluvialen Komplexe aufbauen. Hydraulische Beziehungen der Schichten und Grundwasserleiter untereinander bestehen.

Die spzifischen Ergiebigkeiten schwanken zwischen 3 und 22 l/s · m, meist aber um 3 l/s · m.

Die Speisung dieser Komplexe erfolgt durch den Komplex 3 sowie zeitweise auch durch das Wadi selbst.

Die deluvial-proluvialen Ablagerungen (Komplex 3) nehmen den Bereich bis zum Gebirgsrand ein. Hier wechseln die grobklastischen Sedimente mit vorwiegend tonigem Bindemittel mit kalkhaltigen Tonen. Beide lagern den jurassischen Kalksteinen und lokal auch kretazischen Sandsteinen (Komplex 4) in unterschiedlicher Tiefe direkt auf und stehen mit ihnen in hydraulischer Verbindung. Die spezifischen Ergiebigkeiten schwanken in beiden Komplexen zwischen 0,02 und 0,2 l/s · m und die Durchlässigkeitsbeiwerte um $1 \cdot 10^{-7}$ m/s. Die Speisung erfolgt über die Niederschläge direkt und über die Wadis.

Für eine Grundwassererschließung in großem Umfang sind nur die hydrogeologischen Komplexe 1 und 2 von Bedeutung.

Grundwasserdynamik

Generell ist die natürliche Grundwasserfließrichtung in der Tihama von Osten nach Westen gerichtet. Nur in den gebirgsnahen Wadibereichen weicht sie infolge der hier stattfindenden Versickerung von der westlichen Fließrichtung ab, wie auch Abb. 13 andeutet.

Das Grundwasserspiegelgefälle nimmt in Richtung Westen ab, und zwar von 13‰ im östlichen Bereich der Gebirgstihama bis auf 1‰ in der Nähe des Roten Meeres. Die größte Gefälleabnahme erfolgt innerhalb der deluvial-proluvialen Sedimente, wo sie 6‰ auf wenige Kilometer erreicht. Weiter nach Westen zu verflacht das Grundwasserspiegelgefälle allmählicher und liegt im Bereich der Staatsfarmen Jumaisha und Mokeiminia bei 2‰. Die restlichen 16 km bis zum Roten Meer nimmt es um knapp 1‰ ab. Das mittlere Gefälle beträgt 3,5‰.

Angaben über die Grundwasserfließgeschwindigkeit liegen nicht vor. Die Grundwasserdynamik ist relativ unkompliziert, da eine ständige Grundwasserneubildung praktisch nur im Bereich der Gebirgstihama stattfindet. Während der beiden Regenzeiten erfolgt durch Hochwasserführung der Wadis über kurze Zeiten infolge Überschwemmung weiter Gebiete auch in der zentralen, seltener in der westlichen Tihama eine Grundwasserneubildung, so daß Gefälle und Isohypsenverlauf relativ stark schwanken können.

Wasserspiegelmessungen in den Grundwasserbeobachtungsrohren der erbohrten Grundwasserleiter ergaben eine gleichartige Dynamik für alle Bereiche. Auftretende Differenzen zwischen den Grundwasserspiegeln der einzelnen Grundwasserleiter bewegen sich im Zentimeterbereich. Sie sind Ausdruck unterschiedlicher Druckverluste. Es kann demzufolge angenommen werden, daß die in Abb. 12 dargestellten Grundwasserstauer nicht durchgehend vorhanden sind und die bis ca. 120 m Tiefe erbohrten Grundwasserleiter miteinander in hydraulischer Verbindung stehen.

Der in Brg. 3 unterhalb 130,8 m angetroffene, sehr gut durchlässige, grobkörnige Grundwasserleiter ist auf Grund der wesentlich schlechteren chemischen Beschaffenheit seines Wassers (Gesamtmineralisation doppelt so hoch) und der sehr hohen Spülungsverluste einem tieferen, wahrscheinlich aber auch nur lokalen Grundwasserstockwerk zugeordnet worden und scheint auch andere dynamische Verhältnisse zu besitzen.

Die Tiefenlage des Grundwasserspiegels nimmt wie das Grundwasserspiegelgefälle von Osten nach Westen ab. Er liegt im Gebirgsvorland bei 40 m, im zentralen Teil bei 20 m und in der Nähe des Roten Meeres etwa 1—2 m unter Gelände, natürlich in Abhängigkeit von der Morphologie.

Die Grundwasserspiegelschwankungen betragen abhängig von der Entfernung zum Wadi 0,20—0,95 m.

Im Bereich der Staatsfarmen Jumaisha und Mokeiminia lagen die Grundwasserspiegel zwischen 19,9 und 13,7 m unter Gelände.

Grundwasserchemismus

Die Mineralisation des Grundwassers nimmt vom Gebirge (E) in Richtung Küste (W) zu (Abb. 11).

Im Gebirgsbereich sind Oberflächenwasser und Grundwasser, zumindest im Gebiet des Wadi Siham, chemisch etwa einander gleich. Die Mineralisation beider liegt hier zwischen 0,5 und 1 g/l. Die jahreszeitliche Schwankung beträgt maximal 0,3 g/l. Dieser Mineralisationsgrad reicht bis wenige Kilometer westlich Kuteia. In Richtung Wüste nimmt der Mineralgehalt dann etwas zu und beträgt 1—2 g/l. Diesem Gebiet, der zentralen Tihama, sind Bereiche mit erhöhter Mineralisation (2—5 g/l) inselartig eingeschaltet. Nach der Küste zu bzw. im Küstenbereich selbst steigt die Mineralisation auf über 3 g/l und beträgt lokal maximal 72,5 g/l.

Die Zunahme der Gesamtmineralisation in Richtung Küste ist auf Lösungsvorgänge im zu durchfließenden Gestein zurückzuführen. Für die inselartigen Bereiche erhöhter Mineralisation dagegen dürften geogene Ursachen (Salzaufbrüche) verantwortlich zu machen sein. Außer der horizontalen, chemischen Veränderung des Grundwassers ist nach SAWTSCHENKO (1965) auch eine geringe vertikale Schichtung vorhanden.

Die Cl-Gehalte nehmen von 0,05—0,14 g/l in Gebirgsnähe bis auf 20 g/l und mehr in Richtung Küste zu. Ähnlich verhält es sich mit den Sulfaten, nur ist hier die Zunahme noch beachtlicher. Die Maximalwerte beschränken sich auf die inselartigen Gebiete und auf den Küstenstreifen mit erhöhter Mineralisation. Die Härte des Wassers (durchschnittlich 15° dH), fast nur Karbonathärte, verändert sich nur wenig.

Für das Gebiet der Staatsfarmen Jumaisha und Mokeiminia sowie dazwischen liegen die Wassertemperaturen bei durchschnittlich 35 °C. Es handelt sich um ein neutrales bis schwach basisches Wasser.

Im Bereich der Staatsfarm Jumaisha selbst liegt in den Grundwasserleitern bis ca. 130 m Tiefe die Grundwassermineralisation zwischen 0,8 und reichlich 1,6 g/l, die Cl-Gehalte liegen zwischen 0,15 und 0,32 g/l. Gesetzmäßigkeiten einer stufenweisen Veränderung nach der Tiefe wurden nicht festgestellt, jedoch eine Zunahme nach S. Anders verhält sich der unter 130 m erbohrte Grundwasserleiter mit

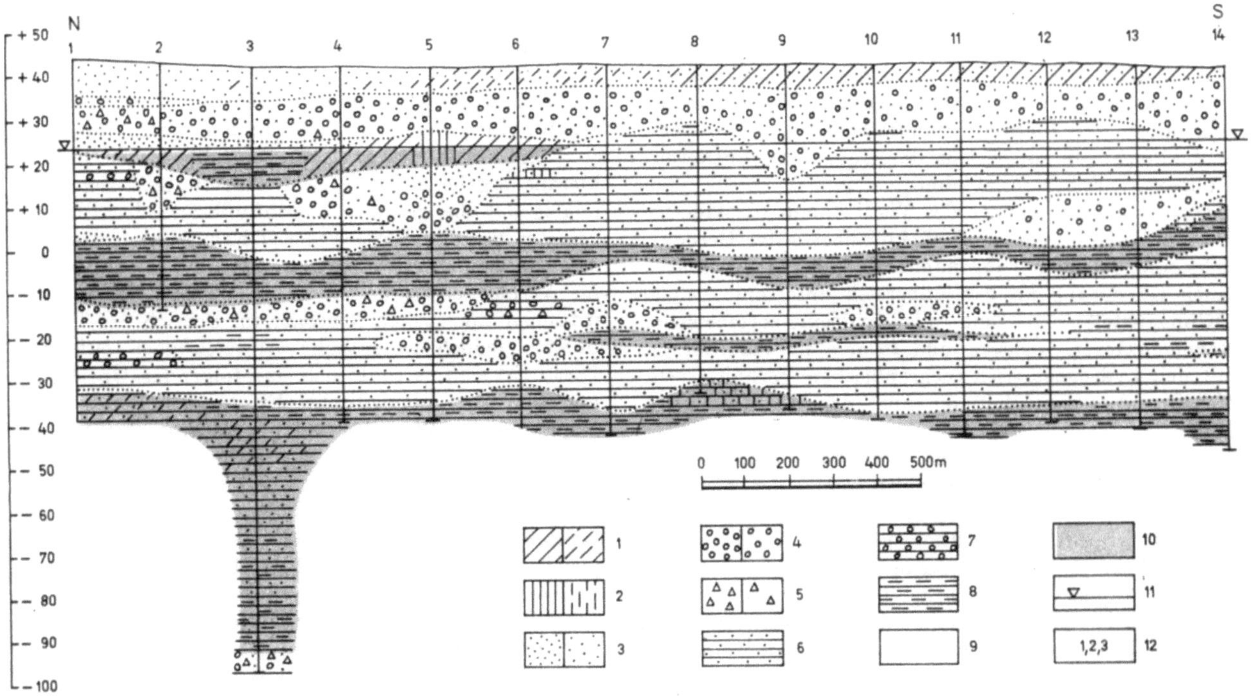

Abb. 12. Hydrogeologischer Schnitt durch die Brunnentrasse Jumaisha

1 – Schluff, schluffig; 2 – Ton, tonig; 3 – Sand, sandig; 4 – Kies, kiesig; 5 – Steine, steinig; 6 – Sandstein; 7 – Konglomerat; 8 – Schluffstein, Tonstein; 9 – Grundwasserleiter; 10 – Grundwasserstauer; 11 – Grundwasserspiegel; 12 – 1, 2, 3: Nr. d. Brunnens

einer Gesamtmineralisation um 3,5 g/l und seinen Cl-Gehalten zwischen 1,13 und 1,49 g/l.

Hier entsprechen Mineralisation und Cl-Gehalt den Werten in der geplanten Staatsfarm Mokeiminia.

Nach den Ergebnissen der Erkundung (Tab. 3) ist für das schon umrissene Gebiet eine nach S zunehmende Gesamtmineralisation belegt. Ebenso verhalten sich die Cl- und SO_4-Gehalte.

Eine eindeutige chemische Veränderung des Grundwassers in Abhängigkeit von der Tiefe konnte zumindest für die Grundwasserleiter bis ca. 130 m nicht festgestellt werden. Eine starke chemische Veränderung des Grundwassers wurde

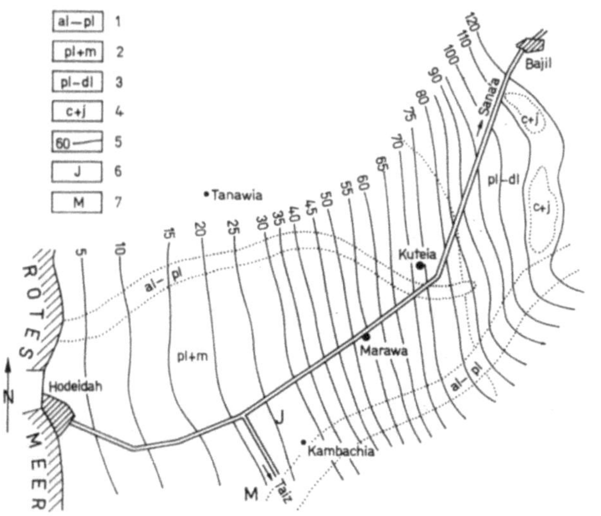

Abb. 13. Hydrogeologische Übersichtskarte 1:200000

1 – alluvial-proluviale Ablagerungen, 2 – proluviale u. marine Ablagerungen, 3 – proluvial-deluviale Ablagerungen, 4 – Jura und Kreide, 5 – Hydroisohypse, 6 – J Staatsfarm Jumaisha, 7 – M Staatsfarm Mokeiminia (geplant)

erst unterhalb der genannten Tiefe in einer 135,6 m tiefen Brunnenbohrung bei Jumaisha, ca. 16 km östlich Hodeidah, festgestellt. Die Gesamtmineralisation schwankte hier zwischen 3,5 und 4 g/l und betrug somit das Doppelte bis Dreifache der überlagernden Grundwasserleiter. Die Cl- und SO_4-Gehalte waren maximal vier- bis fünfmal höher.

Diese Gehalte stimmen ungefähr mit den im Bereich der geplanten Staatsfarm Mokeiminia festgestellten überein.

Im Küstengebiet ist auf Grund der geringen Tiefenlage des Grundwasserspiegels und der dadurch erhöhten Verdunstung, somit auch Mineralisation, eine vertikale chemische Zonalität bewirkt worden. Die Unterschiede sind jedoch nicht erheblich. Wenige Kilometer nordwestlich Hodeidah ist in ca. 1,5 km Entfernung von der Küste in einem Fall eine Mineralisation von 72,5 g/l festgestellt worden. In diesem Fall liegt sie weit über der des Roten Meeres (42,6 g/l).

In sämtlichen ausgeschiedenen Grundwassermineralisationsbereichen und auch in den Oberflächengewässern, den Wadis, sind jahreszeitliche Schwankungen von 0,3 g/l bestimmt worden. Während der Pumpversuche, selbst beim Sammelpumpversuch an drei Brunnen gleichzeitig und ca. 1 Monat Pumpdauer, wurden chemische Veränderungen des Grundwassers nicht festgestellt.

Tab. 3. Gesamtmineralisation, Cl- und SO_4-Gehalte von Wasserproben der Erkundungsbohrungen Tihama 1–5/66

		Brg. 1/66	Brg. 2/66	Brg. 3/66	Brg. 4/66	Brg. 5/66
Gesamtmineralisation	mg/l	1120	1130	1400	2400	3180
Cl	,,	154	163	280	600	842
SO_4	,,	300	300	415	590	739

Grundwasserneubildung und -vorräte

Beim gegenwärtigen Stand der Erkundung ist es nicht möglich, eine komplexe Bilanzierung regionaler Grundwasservorräte, etwa nach den Anforderungen der

ZVK der DDR, durchzuführen. Es fehlen dafür in erster Linie entsprechende langjährige hydrogeologisch-hydrometeorologische Meß- und Beobachtungsergebnisse. Ausgehend von den durchgeführten Beobachtungen, lassen sich folgende grundsätzliche Grundwasserneubildungsbedingungen für das Gebiet der mittleren Tihama (Wadi Siham) ableiten:

Das Großeinzugsgebiet des Wadi Siham (s. Abb. 1) mit einer Fläche von ca. 5000 km² liegt unter Berücksichtigung der bereits abgehandelten regionalen klimatischen Gliederung im Einflußbereich unterschiedlicher „Klimagürtel". Sie sind als hydrometeorologische Regimefaktoren wirksam und formen in Verbindung mit den hydrogeologisch-geographischen Verhältnissen die Grundwasserneubildung und den Grundwasserhaushalt.

Im Gebirgsbereich (F_E ca. 3600 km²) mit Niederschlägen von etwa 500 mm/a ist wegen der hier anstehenden tertiären Eruptivgesteine mit einem vorwiegend schnellen oberirdischen Abfluß zu rechnen. Zur Versickerung wird es nur in Gebieten kommen, wo eine Lockergesteinsbedeckung (Verwitterungsgestein) vorhanden ist, also besonders auf den Terrassenfeldern und den Hochplateaus sowie beim Vorhandensein von Klüften in den tertiären und prätertiären Gesteinen. Der Gebirgsbereich besitzt somit, bedingt durch das geringe Rückhaltevermögen, hohe oberirdische Abflüsse bei einer relativ niedrigen Verdunstung.

Das angrenzende Teilgebiet der Gebirgstihama mit rd. 250 km² Fläche, ca. 400 mm/a Niederschlag und seinem geologischen Aufbau läßt großflächig die folgenden Neubildungsbedingungen erkennen: Das Gebiet hat eine teilweise mächtige Lockergesteinsbedeckung aufzuweisen; es ist eine relativ dichte Vegetation vorhanden, und es wird Feldbau betrieben. Diese Verhältnisse gestatten eine höhere Versickerung, jedoch begünstigen sie gleichermaßen die Verdunstung. Für die Grundwasserneubildung sind die hier fallenden Niederschläge nur in geringer Höhe wirksam.

Eine Besonderheit in diesem Raum stellen dagegen die Wadiläufe dar. Das aus dem Gebirge abgeführte Oberflächenwasser findet hier in den grobkörnigen, sehr gut durchlässigen Ablagerungen des Flußbettes günstige Versickerungsbedingungen. Die Versickerungsfläche ist in ihrer Größe überwiegend nur gering und auf den eigentlichen Wadilauf beschränkt, wobei die zur Verfügung stehende freie Wasserfläche durchschnittlich 8—10 km in die Tihama reicht und meist weniger als 10 m breit ist. Zu den Regenzeiten bei Hochwasserführung mit extrem hohen Abflüssen kommt es jedoch zu großflächigen Überflutungen und dabei zur Ausbildung einer ungleich größeren Versickerungsfläche. Während dieser Zeit kann es sogar zu einem oberflächigen Abfluß in das Rote Meer kommen.

Durch die in der eigentlichen Tihama fallenden geringen Niederschläge mit ca. 80 mm/a kann auf Grund der klimatischen und hydrogeologischen Verhältnisse keine Grundwasserneubildung stattfinden. Diese Niederschläge werden durch die Verdunstung aufgezehrt. Durchgeführte Versickerungsversuche erbrachten hierfür die Bestätigung.

Im Rahmen unserer Arbeiten wurden die nutzbaren Grundwasservorräte für das vorgesehene Fassungsgebiet Jumaisha unter Verwendung der bei der Untersuchung bestimmten Parameter auf der Grundlage einer analytischen Durchflußberechnung nach DARCY ermittelt.

Das bestimmte Profil mit einer Länge von 10000 m ergab einen partiell berechneten Durchfluß von $Q = 0{,}316$ m³/s, das sind rund 10 Mill. m³/a. Der sich hieraus ergebende spezifische Abfluß läßt sich u. E. analog auf die gesamte Durchflußbreite des Einzugsgebietes für den Bereich der Tihama übertragen. Bei der Festlegung der Begrenzung der Durchflußbreite im Verhältnis zu der in Abb. 1 dargestellten oberirdischen Einzugsgebietsgrenze im Bereich der Tihama dürften jedoch wesentliche Abweichungen auftreten. Diese Erkenntnis muß sich aus folgender Überlegung ergeben. Das oberirdische Einzugsgebiet des Wadi Bajil und des Wadi Es Seil besitzt eine geringe bzw. keine Fläche im niederschlagsreichen Gebiet. Die Einzugsgebiete der Wadis Sirdud und Siham mit den hohen Abflüssen aus dem Gebirge haben eine ungleich höhere Neubildung aufzuweisen und werden sich somit ausgleichend auf die unterirdischen Abflußverhältnisse auswirken, was zu einer Verwischung oder auch Verlagerung der Grenzen führt. Schlußfolgerung ist, daß die unterirdischen Abflußverhältnisse durch das Wadi Siham über dessen dargestellte Grenze hinaus bestimmt werden. Die Durchflußbreite wird im Ergebnis unserer Untersuchungen mit 30000 m abgeschätzt, womit der Durchfluß ca. 30 Mill. m³/a betragen würde.

Zur grundwasserhaushaltlichen Gegenüberstellung wird folgende überschlägliche Betrachtung vorgenommen:

Niederschlag:	Gebirge	1800 Mill. m³/a
	Gebirgsrand	100 Mill. m³/a
		1900 Mill. m³/a

Dieser Niederschlagsmenge steht für den Bereich der Berechnungslinie folgende Grundwassermenge gegenüber:

Grundwasser	Durchfluß nach DARCY	30 Mill. m³/a
	Rücklage (Anstieg des Grundwasserspiegels um 0,10 m f. F_E Tihama rund 2000 km²)	66
	Grundwasserentnahme oberhalb der Berechnungslinie	1,5 ,,
		97,5 Mill. m³/a

Bei einem Verhältnis von 1900 Mill. m³/a Niederschlag zu einem Grundwasserdargebot von 97,5 Mill./a entspricht das einer mittleren Versickerung von ∼5%.

Zusammenfassung

Auf der Grundlage der Ergebnisse der in den Jahren 1965 bis 1967 durchgeführten hydrogeologischen Arbeiten (Sondierung—Erschließung) in der mittleren Tihama (Jemenitische Arabische Republik) werden die geographischen, hydrographischen und klimatischen Verhältnisse (durch eigene Beobachtungen erweitert) sowie die Geologie und Hydrogeologie dieses Gebietes beschrieben.

Die quartären kontinentalen Ablagerungen werden nach ihrer Genese unterschieden und mit den marinen sowie den mesozoischen zu vier hydrogeologischen Komplexen zusammengefaßt.

Hydrogeologisch bedeutsam sind aber nur der alluvial-proluviale und marin-proluviale Komplex, die beide durch zahlreiche Schacht- und Bohrbrunnen zu Bewässerungszwecken genutzt werden.

Резюме

На основе данных гидрогеологических работ (зондирование и вскрытие), проведенных в 1965—1967 гг. В средней части Тихамы (Йеменская Арабская Республика) описываются географические, гидрографические и климатические условия (расширенные собственными результатами наблюдений), а также геология и гидрогеология этой области.

Четвертичные континентальные образования различаются на генетической основе и объединяются вместе с морскими и мезозойскими отложениями в четыре геологических комплекса.

Однако, гидрогеологическое значение придается лишь аллювиально-пролювиальному и морскому-пролювиальному комплексам, которые вскрыты многочисленными шахтными и буровыми колодцами, используемыми в целях ирригации.

Summary

From results of hydrogeological works (sounding, opening up) made from 1965 to 1967 in the central Tihama (Yemenite Arab Republic) a description is given of the geographical, hydrographical and climatic conditions (enlarged by own observations), as well as of the geology and hydrogeology of this area.

The Quaternary continental depositions are distinguished by their genesis and, together with the marine and Mesozoic depositions, are included in four hydrogeological complexes.

However, of hydrogeological importance are only the alluvial-proluvial and the marine-proluvial ones, both of which are utilized for irrigating purposes by means of numerous shaft and drilled wells.

Literatur

BLANKENHORN, M.: Handbuch der regionalen Geologie, V. Band, 4. Abteilung: Syrien, Arabien und Mesopotamien. — Carl Winter's Universitätsbuchhandlung, Heidelberg 1914.

DAVIS, S., & R. DE WIEST: Hydrogeology. — Verl. John Wiley & Sons, Inc., New York — London — Sydney 1966.

FRICKE, K.: Einige wenige bekannte Lagerstätten und Mineralvorkommen der Arabischen Halbinsel. — Glückauf, 95, H. 17 (1959).

GEUKENS, F.: Geology of the Arabian Peninsula Jemen. — Geol. surv. professional paper 560 — B, Washington 1966.

GRIGORAS, N., C. GEORGESCU, A. GRIGORESCU, G. STANESCU, D. DOICIN & V. JONESCU: Programme of prospecting work for hydrocarbons in the Tihama plain (Hodeida Region). — Arabian Republic of Jemen, Bukarest 1966.

HUTH, W., & G. ROSENBERGER: Ergebnisbericht Hydrogeologische Erkundung Jemen (Tihama). — Halle 1966 (unveröff.).

KRAFT, W., J. MATECKI, F. GARLING & D. QUAST: Dokumentation über die Grundwassererschließung Jemen — Tihama 1966/67. — Nordhausen 1968 (unveröff.).

QUAST, D., W. KRAFT & W. HUTH: Ergebnisbericht Hydrogeologische Sondierung Jemen. — Berlin 1966 (unveröff.).

RATHJENS, C.: Probleme des Wasser- und Salzgehaltes des Roten Meeres. — H.-v.-WISSMANN-Festschr., Tübingen 1962.

RATHJENS, C., sen., C. RATHJENS, jun., E. SAMLENSKI & G. KERNER: Beiträge zur Klimakunde Südwest-Arabiens: Das Klima von Sana'a. Das Klima von Jemen. — Dt. Wetterdienst, Seewetteramt — Einzelveröff. Nr. 11, Hamburg 1956.

RUCHIN, L. R.: Grundzüge der Lithologie. — Moskau 1953.

SAWTSCHENKO: Ergebnisbericht über die hydrogeologischen Arbeiten und das Quellenstudium für die Wasserversorgung des Fischverarbeitungskombinates Hodeida. — Hodeida 1965 (unveröff.).

WISSMANN, H. v.: Handbuch der geographischen Wissenschaften, Teil IV, Arabien. — Akad. Verlagsges. Athenaion mbH., Potsdam 1937.

WISSMANN, H. v., C. RATHJENS & F. KOSSMAT: Beiträge zur Tektonik Arabiens. — Geol. Rundsch., Bd. 33. — Ferdinand Enke Verl., Stuttgart 1942.

Meteorologischer Dienst der DDR, Hauptamt für Klimatologie: Auswertung der meteorologischen Beobachtungen in Jumaisha und Sana'a (Jemenitische Arabische Republik).

Buchbesprechungen

BRAUSE, H.

Das verdeckte Altpaläozoikum der Lausitz und seine regionale Stellung

Berlin: 1969. Abh. dt. Akad. Wiss. Berlin, Kl. Bergbau u. Hüttenwesen, Montangeol., Jg. 1968, Nr. 1, 143 S., 47 Abb., 14 Tab., 8 Taf., M 33,—

In den Jahren von 1960 bis 1967 wurde im Nordwestabschnitt des Görlitzer Schiefergebirges sowie im Raum Senftenberg—Liebenwerda ein umfangreiches, großzügig angelegtes Tiefenkartierungsprogramm durchgeführt. In diesen vorwiegend von känozoischen Bildungen bedeckten Gebieten waren Aufschlüsse im paläozoischen bzw. vorpaläozoischen Grundgebirge selten. Einen Einblick in den Bau des Untergrunds vermittelten nur vereinzelte, flächenmäßig engbegrenzte Vorkommen. Durch insgesamt 39 Bohrungen mit Teufen von einigen hundert Metern bis maximal 1175 m konnte nunmehr der Kenntnisstand über die geologische Entwicklungsgeschichte sowie die strukturelle Position des Altpaläozoikums der Lausitz wesentlich erweitert werden. Dabei besitzen die Ergebnisse nicht nur lokale Bedeutung, sondern erlauben auch für die angrenzenden, oft weniger gut aufgeschlossenen Räume weitreichende Schlußfolgerungen über die dort anzutreffenden litholo-gisch-faziellen und tektonischen Verhältnisse.

Im ersten Teil der Arbeit werden Stratigraphie und Lithologie der paläozoischen Schichtfolgen im Nordwestabschnitt des Görlitzer Schiefergebirges beschrieben. Kambrium, bisher nur aus der Gegend unmittelbar nördlich von Görlitz bekannt, konnte in keiner der in diesem Gebiet abgeteuften Bohrungen nachgewiesen werden. Die Frage, ob dies auf primäres Fehlen, sekundäre Abtragungsvorgänge oder lediglich auf aufschlußbedingte Kenntnislücken zurückgeführt werden muß, ist nach wie vor ungeklärt. Gleichermaßen wenig erforscht sind auch die Verhältnisse im Ordovizium. Der Dubrau-Quarzit, seit langem als tiefstes Ordovizium (bis höchstes Kambrium?) der Lausitz bekannt, bildet auch heute noch das einzige durch Fossilien belegte Schichtglied. Alle anderen in dieses System gestellten Vorkommen sind problematisch. Allein ein den Übergang zum Silur bildender tonig-sandiger Komplex (Eichberg-Sandstein) ist auf Grund der Verbandsverhältnisse zu graptolithenführenden Serien des Valent stratigraphisch gesichert.

Das Untere Silur (Valent, Wenlock) zeigt die für das Saxothuringikum typische Ausbildung von schwarzen Kiesel- und Alaunschiefern. Erst im Budnanium, d. h. dem höheren Silur, schalten sich quarzitische und kalkige Horizonte sowie Lagen von Diabasen und Diabastuffen ein. Sehr wichtig sowohl für die Stratigraphie und Paläogeographie als auch für die Deutung der tektonischen Zusammenhänge im gesamten „Lugikum" ist der Nachweis von kalkigem Unterdevon innerhalb einer über 100 m mächtigen diabasischen Vulkanitfolge. Conodonten, Foraminiferen und Tentakuliten belegen Ems-Alter. Damit ist eines der entscheidendsten Argumente für das kaledonische Alter des Grundgebirges der Lausitz und der östlich angrenzenden Westsudeten, nämlich das Fehlen von Unterdevon in diesem Raum, widerlegt. Mit dem schon früher bekannten Siegen, dokumentiert durch den Fund von *Monograptus hercynicus* in den Graptolithenschiefern von Rengersdorf, und dem weiterhin nachgewiesenen, faunistisch bestimmten Mitteldevon ist die relative Kontinuität in der marinen Entwicklung spätestens vom Oberen Ordovizium bis in das hohe Devon und Unterkarbon hinein gesichert. Für die Wirksamkeit jungkaledonischer orogenetischer Bewegungen, die zur Auffaltung der vordevonischen Serien sowie zu entsprechenden Diskordanzen und Schichtlücken führten, gibt es keine stichhaltigen Beweise mehr.

Lithologisch recht wechselvoll ist — wie in den übrigen Bereichen der mitteleuropäischen variszischen Geosynklinale — die Ausbildung des Oberdevons. Neben vorherrschend quarzitischen (Mönau-Quarzit des Frasnes, Caminaberg-Quarzit) und tonig-sandigen Folgen (Sproitzer Schichten u. a.) kommen Diabase, Diabastuffe, Kalke, Hornsteine sowie geringmächtige oolithisch-chamositische Eisenerze vor. Hervorzuheben ist, daß zahlreiche der in den polnischen Westsudeten bisher in das Ordovizium gestellte Gesteinseinheiten nach dem petrographischen Vergleich mit den jetzt paläontologisch belegten Oberdevon-Serien der Lausitz wahrscheinlich in das gleiche stratigraphische Niveau gehören und somit auch dort das Devon auf Kosten des Ordoviziums an Umfang gewinnt. Den Abschluß der geosynklinalen Entwicklung bilden die Sedimente des Unterkarbons — Tonschiefer, Grauwacken, Konglomerate mit präkambrischen (?) Geröllen, fossilführende Kalke und als Hangendabschnitt der teilweise recht mächtige Komplex des Kieselschiefer-Hornstein-Konglomerats.

Der zweite Teil der Arbeit behandelt speziell die tektonische Entwicklung. Die eigentliche variszische Geosynklinalbildung beginnt nach Ansicht des Verf. mit dem hohen Ordovizium. Ihren Höhepunkt erreichte sie in der durch beschleunigte Trogabsenkung und die intensive vulkanische Tätigkeit charakterisierten Periode der Faziesdifferenzierung während des Devons. Die starke Absenkungstendenz hielt auch im Unterkarbon noch an. Es kam zur Ablagerung mächtiger flyschoider Serien, verbunden mit embryonalen Vorfaltungen. Die das Geosynklinalstadium abschließende Hauptfaltung ist zeitlich nicht exakt festlegbar. Sie ist jünger als das tiefe Visé und älter als Westfal, in Analogie zu den westlichen Nachbarräumen (Vogtland, Thüringen) wahrscheinlich sudetisch. Sie schuf das komplizierte Bild eines engverschuppten und durch Längs-, Diagonal- und Querstörungen vielfach dislozierten Faltengebirges.

In einem weiteren Abschnitt werden vorkambrische Bildungen innerhalb des Untersuchungsgebiets beschrieben. Es wird ein Überblick über die Ausbildung der Lausitzer Grauwacke im Raum Hoyerswerda—Senftenberg, über die eventuell proterozoischen phyllitischen Tonschiefer in den Bohrungen Spremberg 37 und 40 sowie über das Jungpräkambrium an der Westseite des Lausitzer Massivs und in der Umgebung von Doberlug-Kirchhain gegeben. Im letzten Kapitel geht der Verf. kurz auf die geologische Situation im Doberluger Altpaläozoikum ein. Diskutiert werden vor allem die Ergebnisse der Tiefbohrung Ls 1/60, die über 1000 m im verfalteten Kambrium verlief.

Abschließend werden die wichtigsten Erkenntnisse nochmals zusammengefaßt, ihre regionale Bedeutung erläutert sowie Vergleiche zu den westelbischen Gebieten des Saxothuringikums angestellt. Umfangreiches, im Text sowie als Anhang gebrachtes Bild-, Karten- und Tabellenmaterial von sowohl analytisch-dokumentativem als auch synthetisch-verallgemeinerndem Charakter geben einen instruktiven Überblick und tragen wesentlich zum Verständnis der vielgestaltigen Problematik der interessanten Arbeit bei.

D. Franke

Koenig, M. A.

Vulkane und Erdbeben — mit einem Abriß über die Geologie des Mondes

Thun und München: Verl. OTT 1970. 180 S., 14 Abb., 37 Fotos, 11 Tab., DM 29,80

Der Verf., von dem im gleichen Verlag auch die „Kleine Geologie der Schweiz" erschienen ist, steht als Ingenieurgeologe in ständiger Verbindung zu Fragen der praktischen Geologie. Seine Gutachtertätigkeit als Chefgeologe der Geosond GmbH veranlaßt ihn dauernd zu einer Beurteilung der engen wechselseitigen Beziehungen zwischen Mensch und Geologie, Baugrund und Bauwerk, Grundwasser und Wasserversorgung sowie zwischen natürlichen Rohstoffvorräten und ihrer Erschließung. So ist es, wie es auch im Vorwort ausgedrückt wird, sein Anliegen, einen großen Kreis von Menschen mit dem Erlebnis Geologie bekannt zu machen, deren auffälligste Auswirkungen außer in extremen Unwetterkatastrophen in Vulkanausbrüchen und Erdbeben liegen, denen sich gegenwärtig noch die Fakten aus der Erforschung des Mondes, der Planeten und des interplanetaren Raumes zugesellen. Vulkanausbrüche und Erdbeben sind nur die äußeren Erscheinungen gewaltiger Kräfte des Erdinnern, deren technische Beherrschung und wirtschaftliche Nutzung auch heute noch praktisch in den Anfängen stehen.

Der Stoff ist in 20 in sich weiter untergliederte Kapitel aufgeteilt, die unter vier Hauptthemen gestellt sind. Jeweils an ihrem Schluß finden sich Hinweise auf wichtige, vorwiegend englischsprachige Literatur.

Das 1. Hauptthema (S. 11 bis 81) gilt der allgemeinen Einführung. Vulkane und Erdbeben werden als geologische Vorgänge gezeigt, moderne geologische Untersuchungsmethoden aus Geophysik und Isotopengeologie werden kurz geschildert. Gedanken über die Entstehung der Gesteine leiten über zu Fragen der Stellung der Erde im Sonnensystem und im Weltall.

Das 2. Hauptthema (S. 83 bis 124) beschäftigt sich eingehender mit den Vulkanen. Sehr anschaulich werden u. a. die Entstehung eines Vulkans, seine Gesteine, der submarine Vulkanismus sowie einige bekannte Vulkangebiete geschildert. Die beiden Schlußkapitel enthalten interessante Mitteilungen über die Überwachung von Vulkanen und beleuchten den Vulkanismus als Wirtschaftsfaktor.

Der folgende, 3. Hauptteil (S. 125 bis 156) behandelt die Erdbeben. Von ihren Ursachen ausgehend werden zunächst die oberflächigen Erscheinungen dargestellt. Ferner wird über Erdbebenmessung und -voraussage berichtet und auf den Einfluß der Erdbeben auf die Bautechnik in erdbebengefährdeten Gebieten hingewiesen.

Der 4. Hauptteil (S. 157 bis 173) enthält einen Abriß der Geologie des Mondes und leitet über Untersuchungsmethodik und Mondgesteine zu Ausführungen über die Geschichte des Erdtrabanten. Diese Darlegungen besitzen im Hinblick auf die augenblicklich gewaltigen Fortschritte bei dessen Erforschung ganz besondere Aktualität. Mondkrater und Mondlinien werden auf einigen bei den amerikanischen Apollo-Raumflügen aufgenommenen Fotos gezeigt, ausführlich beschrieben und mit analogen irdischen Erscheinungen verglichen.

Dem Verf. ist es recht gut gelungen, die behandelten Kapitel aus der Aktualgeologie einfach und allgemein verständlich darzustellen, wobei jedoch der Leser auch mit einer Fülle geologischer Daten und mit den Grundzügen der geologischen Entwicklung unserer Erde vertraut gemacht wird. Der Text ist klar und übersichtlich gehalten und vermittelt zugleich Fakten, die durch die beigefügten Tabellen wesentlich erweitert werden. Eine große Anzahl von Zeichnungen und Kartenskizzen verdeutlicht die Zusammenhänge nach Raum und Zeit. In dem Buch nehmen die Fotos eine besondere Stellung ein. Sie sind sehr geschickt ausgewählt. Die Bilder über Vulkanismus zeigen in 25 Fotos recht eindrucksvoll verschiedene Phasen des vulkanischen Geschehens sowie Material und Bau von Vulkanen. Dem Komplex Erdbeben ist leider kein Bildmaterial über morphologische Veränderungen durch Erdbebenwirkungen beigegeben. Die Fotos der Mondoberfläche zeigen Mondkrater und „Mondrillen", deren strukturelle Bedeutung als Bruchlinien beschrieben und mit irdischen Verhältnissen verglichen werden.

Durch die harmonische Verarbeitung des umfangreichen Stoffes ist das Buch in gewissem Sinne zu einem „Handbuch der Aktualgeologie" geworden, das sich an einen breiten Leserkreis naturwissenschaftlich interessierter Menschen wendet. Der Verlag hat das Buch drucktechnisch sehr gut ausgestattet. Die Wiedergabe der Fotos, ganz besonders auch der Farbfotos, ist ausgezeichnet, so daß schon von dieser äußeren Seite her das Buch gern zur Hand genommen wird. Dem Buch ist eine weite Verbreitung zu wünschen.

K. Dette

Autorenkollektiv

„The Moon Issue"

Sonderheft „Science", **167**, Nr. 3918, 30. Jan. 1970. Ferner: Proceedings of the Apollo 11 Lunar Science Conference, edited by A. A. Levinson. 3 Bde., 2494 S., zahlr. Abb.

Nach der erfolgreichen Rückkehr von Apollo 11 mit 22 kg Mondgestein ergab sich für die National Aeronautics and Space Administration (NASA) die Notwendigkeit, das kostbare Material zweckmäßig zu verteilen und nach dem heutigen Stand der Wissenschaft gründlich untersuchen zu lassen. Sie wurde bei diesen Maßnahmen von Gruppen hochqualifizierter Fachleute einschließlich des Lunar Sample Analysis Planning Team beraten. Für die Bearbeitung geeignete amerikanische Wissenschaftler wurden ausgewählt und auch Angebote bekannter ausländischer Experten berücksichtigt. Da für die Untersuchung der Mondproben manchmal nur etwa drei Monate Zeit verblieben, wurde mit den Bearbeitern vereinbart, daß sie ihre Ergebnisse auf der Lunar Science Conference in Houston, Texas, vom 5. bis 8. Januar 1970 in einem schriftlichen Bericht vorlegen sollten. Eine gemeinschaftliche Veröffentlichung der Ergebnisse sollte in Form von Referaten in einem Sonderheft der Zeitschrift „Science" erfolgen, die in 120 Ländern gelesen wird. Daß das 379 Seiten umfassende Sonderheft mit 140 Referaten der einzelnen Arbeiten pünktlich erscheinen konnte, ist eine anerkennenswerte Leistung.

Nach einem Vorwort des Herausgebers und vier einführenden zusammenfassenden Aufsätzen wurden die Ergebnisse in folgende Gruppen geordnet:

Altersbestimmungen	10 Aufsätze
Spurenelemente	18 „
Häufigkeit der Hauptelemente	5 „
Stabile Isotope, seltene Gase, Sonnenwind und Kernspaltungsprodukte	19 „
Allgemeine Mineralogie	8
Spezielle Mineraluntersuchungen	15
Feines Material, Gläser und Schockeffekte	16
MÖSSBAUER-Untersuchungen	4
Magnetische und elektrische Eigenschaften	10
Andere physikalische Eigenschaften	19
Organische Chemie	16 „
Gesamt	140 Aufsätze

In einem Anhang wurden außer dem System der Numerierung der Mondproben vor allem noch die in den Berichten gebrauchten Abkürzungen erläutert.

Die am 24. Juli 1969 zur Erde gebrachten Mondproben stellen natürlich nur eine Oberflächenpunktprobe der großen Masse des Mondes dar, aber sie haben die Kenntnis des außerirdischen Universums, das sich bisher nur auf das Studium elektromagnetischer Strahlung der Planeten und Sterne, auf kosmische Strahlung und Meteoriten beschränkte, außerordentlich erweitert. Neben den Meteoriten, die als erste außerterrestrische Objekte der wissenschaftlichen Untersuchung zugänglich waren, stellen die Mondproben insofern Spezialproben dar, als der Ort der Probenahme genau bekannt ist. Das rechtfertigt den Aufwand, diese Probleme mehr als 500 Wissenschaftlern in neun Ländern zu umfassenden Untersuchungen vorzulegen.

Die Mondproben aus dem Mare Tranquillitatis bestehen größtenteils aus basaltischen Gesteinsbrocken, ferner aus einer Mikrobrekzie von feinen Gesteinssplittern und aus losem Mondboden, der sich aus kristallinen und glasigen Fragmenten in wechselnden Mengen aufbaut und auch kleine Bruchstücke von Eisenmeteoriten enthält. Die meisten Gesteinsfragmente ähneln den größeren basaltischen Gesteinsbrocken, jedoch kommen in geringer Menge auch völlig andersartige anorthositische Fragmente vor, die vermutlich aus den benachbarten Gebirgsbereichen stammen.

Viele der Gesteinsbrocken und einzelne Fragmente des Bodens zeigen Spuren von Einschlägen winziger gerundeter Körper bis herab zu 10 μ Durchmesser. Infolge der hohen Geschwindigkeiten des Aufpralls auf der atmosphärelosen Mondoberfläche sind örtliche Schmelzvorgänge, Spritzeffekte, Verdampfung und Kondensation zu beobachten. Die Aufschlagschmelzung scheint ein verbreiteter Schmelzprozeß auf dem Mond zu sein. Dadurch sind Gläser verschiedener Zusammensetzung und Farbe in Kügelchen, Fragmenten und Krusten entstanden. Unter den Gläsern lassen sich im wesentlichen zwei Typen unterscheiden:

1. farblose bis grünliche Gläser, die etwa 67% Plagioklas, 21% Pyroxen, 9% Olivin und 1,5% Ilmenit entsprechen;

2. gelbliche, bräunliche, rötliche und violette Gläser, die etwa 32% Plagioklas, 35% Pyroxen, 16% Olivin und 17% Ilmenit entsprechen.

Die kristallinen Gesteine besitzen feinkörnig-blasige bis mittelkörnig-drusige Textur und bestehen vorwiegend aus Pyroxen, Plagioklas, Ilmenit, ferner etwas Olivin und Cristobalit sowie manchmal Tritymit, Chromit, Kamacit und Taenit. Neu erkannt wurden Pyroxmangit, ein triklines pyroxenähnliches Mineral, Ferropseudobrookit und ein Chrom-Titan-Spinell. Das in irdischen Gesteinen sehr selten vorkommende gediegen Eisen und Troilit sind häufige Nebenbestandteile. Infolge des Fehlens hydrothermaler Umwandlungsprozesse sind die Silikate außergewöhnlich durchscheinend und klar.

Schmelzversuche ergaben, daß das primäre Magma des Mondes im Intervall von 1210° bis 1060 °C zu kristallisieren begann, wobei kalium- und aluminiumreiche Restschmelzen, die wahrscheinlich mit der Hauptschmelze nicht mischbar waren, bis zu etwa 950 °C flüssig blieben.

Die chemische Zusammensetzung der Eruptivgesteine ist mit Ausnahme der Konzentrationen von K, Rb, Cs, U, Th und Ba bemerkenswert gleichartig. Im allgemeinen sind die feinkörnigen Gesteine reicher an den genannten Elementen als die gröberkörnigen. Alle untersuchten Mondgesteine sind durch außergewöhnlich hohe Gehalte von Ti, Sc, Z, Hf, Y und dreiwertigen Seltenen Erden sowie niedrigen Na-Gehalten ausgezeichnet. Bei den Seltenen Erden fällt der geringe Anteil von Europium auf. Relativ geringe Anteile zeigen sich noch für Bi, Hg, Zn, Cd, Tl, Pb, Ge, Cl und Br. Die Zusammensetzung der Mikrobrekzie und des Mondbodens ist ähnlich, unterscheidet sich jedoch von dem Mondbasalt. Da in dem Mondboden deutliche Gehalte von Ni, Cd, Zn, Ag, Au, Cu und Tl vorkommen, die in hohen Gehalten für karbonatische Chondrite charakteristisch sind, wird das beobachtete Vorkommen von kosmischem Material im Mondboden auch auf diese Weise bestätigt.

Altersbestimmungen nach den ^{87}Pb–^{87}Sr- und ^{40}K–^{40}Ar-Methoden zeigten, daß die Basalte des Mare Tranquillitatis $3{,}7 \cdot 10^9$ Jahre alt sind. Ähnliche Werte ergaben sich nach der U–Th–Pb-Methode. An einem anderen Gestein wurde dadurch ein Alter von $4{,}4 \cdot 10^9$ Jahren erhalten. Einige Muster vom Mondboden und von der Brekzie ergaben nach Bestimmungen mit der U–Th–Pb- und der Sr–Rb-Methode das übereinstimmende Alter von $4{,}6 \cdot 10^9$ Jahren. Dabei ist zu bedenken, daß in diesen Mustern eine Mischung der verschiedensten Gesteine, Minerale und Gläser vorliegt, so daß das erhaltene Alter einen mittleren Wert für die Mondkruste darzustellen scheint.

Die Suche nach Kohlenstoffverbindungen, aus denen auf Lebensvorgänge hätte geschlossen werden können, verlief trotz äußerster Anstrengungen ohne Erfolg. Auch mikropaläontologische und mikroskopische Studien der verschiedensten Art konnten keine Lebensspuren nachweisen.

Der Landeplatz von Apollo 11 lag im südlichen Teil des Mare Tranquillitatis in einem relativ ebenen Gebiet der Mondoberfläche. Das feste Mondgestein ist mit einer 3 bis 6 m mächtigen Schicht von losen Gesteinsfragmenten überlagert. In diesem Mondboden sind zahlreiche Krater mit kleinen Durchmessern unter 2 cm bis zu mehreren zehn Meter Durchmesser zu erkennen. Einige beobachtete Krater in der Nähe des Landeplatzes der Mondfähre mit 30 bis 55 m Durchmesser zeigten in der zunehmend festeren Mondbrekzie einen flachen Kraterboden oder eine zentrale Anhäufung von Gesteinsbrocken. Die Krater sind von erhöhten Blockwällen umgeben. Ein als Westkrater bezeichneter, 400 m östlich d.r Mondfähre gelegener 30 m tiefer Krater läßt bei einem Durchmesser von 180 m in einem Bereich von 250 m außerhalb des erhöhten Kraterrandes strahlenförmig gestreute Auswürflinge erkennen.

Das von Apollo 11 auf dem Mond zurückgelassene Seismometer war 21 Tage in Betrieb. Danach versagte der Befehlsempfang von der Erde. In der Zeit nach dem Wiederaufstieg der Mondfähre wurden verschiedene Aufzeichnungen von Schwingungen empfangen, über deren Zuordnung man noch im unklaren ist. Lediglich ein Typ von Signalen scheint auf den Aufprall von Meteoriten zurückzuführen zu sein. In den 21 Tagen wurden täglich vier solcher Meteoriteneinschläge festgestellt. Dagegen fehlten bebenartige Aufzeichnungen vollkommen, so daß für den Mond eine wesentlich geringere tektonische Aktivität im Vergleich zur Erde anzunehmen ist.

Obwohl die untersuchten Mondproben nur einen äußerst geringen Teil der Mondoberfläche repräsentieren, haben sie doch einen wichtigen Einblick in die Prozesse eröffnet, die zur Bildung des Mondes geführt haben. Viele neue Tatsachen sind bekannt geworden, die eine umfassende Theorie der Entstehung des Mondes zu erklären hätte. Sollte sich eine Ablösung des Mondes von der Erde als richtig erweisen, so müßte diese vor etwa $4{,}3 \cdot 10^9$ Jahren geschehen sein. Als nächste Schritte zur Klärung der Mondentstehung erscheint die Beschaffung von Untersuchungsmaterial aus anderen Bereichen, vor allem aus den Mondgebirgen und aus tieferen Teilen der Mondkruste von größter Wichtigkeit.

H. Reh

Autorenkollektiv

Karte der Eisenerzlagerstätten von Afrika

Association des services géologiques africains, Paris 1970. fr 25,—

Die Association des services géologiques africains, die sich mit Hilfe so bekannter Wissenschaftler wie Lombard, Jamotte, Blondel, Chemery u. a. seit langem erfolgreich bemüht, zur Klärung der geologischen Verhältnisse Afrikas beizutragen, hat diese „Karte der Eisenerzlagerstätten von Afrika" im Maßstab 1:10000000 herausgebracht. Auf matt farbigem Untergrund werden die geologischen Verhältnisse angedeutet, die die Grundlage für die Beurteilung der insgesamt 110 Eisenerzlagerstätten Afrikas abgeben. Die Symbole, in kräftig roten Farben gehalten, klassifizieren sie in einige Typen. In der Legende sind die Namen der einzelnen Lagerstätten wiedergegeben. Ziffern benennen die Tonnage, den Gehalt und die Vorräte. Der Maßstab dieser Übersichtskarte mit 1:10000000 ist der gleiche wie der der Kohlenlagerstätten, die 1966 veröffentlicht worden ist. Als Herausgeber zeichnen in dem vorliegenden Falle J. Lombard & P. Rouveyrol.

K. Kauter

Gurwitsch, I. I.

Seismische Erkundung

Leipzig: Akademische Verlagsgesellschaft Geest & Portig KG. 1970. 669 S., 273 Abb., 338 Lit., M 148,—. Übersetzung aus dem Russischen

Das vollständige Fehlen eines deutschsprachigen Lehrbuchs über die Methoden der seismischen Erkundung war zwei Jahrzehnte lang ein ernsthafter Mangel nicht nur für die Hochschulausbildung, sondern auch für die Praktiker. Die Herausgabe der deutschen Übersetzung des 1960 in Moskau in dritter, überarbeiteter Auflage erschienenen Werkes von Gurwitsch ist deshalb sehr zu begrüßen.

Die 22 Kapitel des Lehrbuchs von Gurwitsch können in sieben Komplexe eingeteilt werden, die die gesamte Problematik der seismischen Erkundungsmethoden mit äußerster theoretischer Präzision behandeln, ohne daß dabei rein praktische Fragen etwa zu kurz kämen. Der Leser wird also mit allen Fragen der seismischen Erkundung gründlich vertraut gemacht.

Der erste Komplex umfaßt die Kap. I bis III, in denen die theoretischen Grundlagen der Ausbreitung seismischer Wellen in einem unbegrenzten und in einem geschichteten Medium sowie deren spektrale Zerlegung behandelt werden. Der Leser wird hier mit allen Arten seismischer Wellen sowie deren mathematischer Behandlung vertraut gemacht. Die Notwendigkeiten irgendeiner Modernisierung oder Ergänzung besteht in diesem Komplex ganz sicher nicht.

Der zweite Komplex wird durch das Kap. IV „Geologische Grundlagen der seismischen Erkundung" gebildet. In ihm werden die Besonderheiten der Ausbreitung seismischer Wellen in Gesteinen sowie der Einfluß geologischer Faktoren auf die Methodik und die Technik der seismischen Erkundung dargelegt. Hier würde man sich eine etwas modernere Darstellung bezüglich der Ausbreitungsgeschwindigkeiten elastischer Wellen in Sedimentgesteinen wünschen. Insbesondere dürfte die auf S. 124 vorhandene Tabelle über die Geschwindigkeiten der Longitudinalwellen und der Wellenwiderstände kaum noch praktischen Nutzen haben. Der dritte Komplex (Kap. V bis VII) behandelt die Zeitfelder und die Laufzeitkurven der seismischen Wellen. Eine umfassendere Darlegung der allgemeinen seismischen Kinematik kann man sich kaum wünschen. Behandelt werden insgesamt: Die Theorie des Zeitfeldes; Konstruktion der Zeitfelder; Zeitfelder und Laufzeitkurven der direkten und der reflektierten Wellen im zweischichtigen Medium; Zeitfeld und Laufzeitkurven der Kopfwellen und durchgehenden Wellen; Laufzeitkurven von Wellen in horizontal geschichteten Medien; Laufzeitkurven von Wellen in vertikal geschichteten Medien; Zeitfelder und Laufzeitkurven von Wellen in ungestörten Medien.

Etwas zu kurz werden lediglich die multiplen Reflexionen behandelt, die als reguläre Störwellen in der modernen Erkundungspraxis eine bedeutende Rolle spielen und die große Anstrengungen erfordern, sie mit kinematischen Methoden aus den seismischen Registrierungen zu beseitigen. Bei einer Überarbeitung wäre eine entsprechende Ergänzung zu dem Unterkapitel „Laufzeitkurven mehrfach reflektierter Wellen" durchaus wünschenswert gewesen. Außerdem fehlt eine Darlegung der Kinematik der durchgehenden longitudinalen und longitudinal-transversalen Erdbebenwellen, die seit Jahren bei der „Semlja-Methode" Verwendung finden.

Der vierte Komplex (Kap. VIII bis XIII) befaßt sich in grundlegender Form mit der Registrierung der seismischen Wellen: Kap. VIII: Grundlagen der Theorie der linearen Registriersysteme; Kap. IX: Die Seismographen; Kap. X: Seismische Verstärker; Kap. XI: Registrier- und Hilfsapparaturen; Kap. XII: Interferenzregistriersysteme; Kap. XIII: Seismische Stationen.

Auf knapp 200 Seiten wird hier eine äußerst umfassende Darstellung der gesamten Theorie und Technik der seismischen Registrierung gegeben. Der Stand entspricht aber dem Jahre 1960. Das war wohl Anlaß für eine Ergänzung durch die deutschen Herausgeber. Sie erfolgte durch ein von D. Weintritt verfaßtes Unterkapitel „Die digitale Aufzeichnung seismischer Signale im Feld". Die begrüßenswerten Ausführungen von Weintritt sind als gelungen zu bezeichnen. Zu bemängeln bleibt aber, warum dann nicht auch ergänzende Unterkapitel über die Methode der Mehrfachüberdeckung (CRP-Stapelung) und über die Korrelationsseismik auf der Grundlage von Vibrator-Sweeps (Vibroseis) eingefügt worden sind. Das wirkt insbesondere deshalb störend, weil die Bezeichnung CRP-Stapelung z. B. in das Sachregister aufgenommen wurde, der Leser aber auf der angegebenen Seite diesen Begriff lediglich von Weintritt genannt findet, ohne daß er hier oder an anderer Stelle des Buches hinreichend erläutert wird.

Der fünfte Komplex (Kap. XIV bis XIX) enthält die gesamte seismische Auswertepraxis von der Bearbeitung der Seismogramme bis zur Konstruktion der seismischen Tiefenprofile und Karten. Auch hier ist in der deutschen Ausgabe ganz offensichtlich der Versuch einer Modernisierung unternommen worden, und zwar in dem Unterkapitel „Feststellung mehrfach reflektierter Wellen". Die Notwendigkeit einer derartigen Ergänzung wird vom Rezensenten unterstützt. Allerdings wären im Rahmen der umfassenden Ausführungen von Gurwitsch die vorgenommenen Ergänzungen über die Berechnung synthetischer Seismogramme ebenfalls etwas ausführlicher erwünscht. Außerdem tritt dabei ein Kuriosum auf. Die CRP-Stapelung wird hier, durchaus berechtigt, in ergänzender Weise angeführt. Die knappen Darlegungen befassen sich aber lediglich mit der CRP-Stapelung auf einer Auswertezentrale, und es wird ausgeführt, daß Feldbeobachtungen nach der Methode des gemeinsamen Reflexionspunktes, also die Methode der Mehrfachüberdeckungen, im Gegensatz dazu oft eine wesentliche Erhöhung der Aussagekraft ermöglichen. Angesichts dieser richtigen Bemerkung muß der Leser besonders bedauern, daß er über diese Methode in dem vorliegenden Buch keine Auskunft erhält.

Der sechste Komplex (Kap. XX und XXI) enthält praktische Fragen der Organisation, Technik und Durchführung der seismischen Feldarbeiten. Hier ist lediglich festzustellen, daß das Unterkapitel „Anregung von Nutzwellen mit mechanischen und elektromechanischen Geräten" mit nur knapp einer Seite Text etwas zu kurz ausgefallen ist. Auch hier wäre einiges zu ergänzen gewesen.

Der siebente Komplex (Kap. XXII) bringt die in allen Lehrbüchern üblichen Beispiele für den Einsatz der seismischen Methoden. Ihm ist kaum etwas hinzuzufügen.

Insgesamt kann eingeschätzt werden, daß das Lehrbuch von GURWITSCH über die seismische Erkundung ein für die Hochschulausbildung und für den Praktiker äußerst wertvolles Hilfsmittel ist und dem Herausgeber und Verlag Dank und Lob für die gelungene und sorgfältige deutsche Übersetzung gebühren. Die angeführten Mängel bei den vorgenommenen oder unterlassenen Ergänzungen schmälern dieses Lob nicht. Sie wären aber zu vermeiden gewesen, und darauf wollte der Rezensent hinweisen. R. ZEUCH

DENJAKIN, S. A.

Herstellung und Behandlung von Bohrspülungen in „Fräserstrahlmühlen"

„Burenie", Moskau 1969, **12**, S. 14—16

Die Fräserstrahlmühle FSM—7 dient zur intensiven Spülungsbehandlung unabhängig von den Spülungspumpen. Diese Mühle ist eine Weiterentwicklung des mechanischen 2-Wellen-Mischers (vergleichbar mit einem Turbolöser). Sie hat sich seit Jahren in verschiedenen Bohrgebieten bewährt. Verf. erläutert das Prinzip der Mühle, dabei werden Fragen der mechanisierten Beschickung und des Wasserzusatzes angeführt, wobei ein Austrittssieb eine homogene Phase garantiert. Auch die Aufstellungsmöglichkeiten und die unterschiedlichen Anwendungsbedingungen werden hervorgehoben.

Der Durchsatz kann mehr als 180 m^3/h betragen, dabei können über 10 t Stückenton pro Stunde, 30 t Tonmehl und über 40 t Beschwerungsmittel zugesetzt werden. Wesentlichen Einfluß auf die Leistung der FSM—7 haben die Menge der durchlaufenden Spülung, der Feststoffgehalt, der Durchmesser der Öffnungen im Austrittssieb (3 bis 10 cm) und die Drehzahl des seitlich angebrachten Rotors (400 bis 1 000 U pro min). B. HEYNE

FONS, L.

Geological applications of well logs

Transactions SPWLA's 10th Annual Logging Symposium, Houston 1969. 44 S., 25 Abb., 1 Tab., 35 Lit.

Die breitangelegte Arbeit folgt dem seit einigen Jahren international bestehenden Trend, Bohrlochmeßergebnisse aus Erdöl-Erdgas-Bohrungen nicht nur, wie allgemein üblich, zur Korrelation und zur Bestimmung der Lithologie, Porosität und Sättigung zu verwenden, sondern ihnen weitere der jeweiligen Erkundungsaufgabe dienliche — in diesem Falle erdölgeologische — Informationen zu entnehmen. Im Mittelpunkt steht das Vorhaben, die Speichergesteinsgenese aus Bohrlochmessungen zu rekonstruieren. Zu diesem Zweck werden aus einer großen Anzahl bekannter Fälle abgeleitete typische SP- und Widerstandskurvenkonfigurationen für Sandgesteinskomplexe aus transgredierenden und regressiven Meeren, Flußtalausfüllungen, Sandbänken, Deltakomplexen, Lagunen und submarinen Cañons („Turbidite") vorgeführt und durch charakteristische Werte der Korngröße, des Einfallens, des lithologischen bzw. mineralischen Aufbaus, des spezifischen Widerstands, der Mächtigkeitsgrenzen usw. ergänzt. Weniger ausführliche Angaben beziehen sich auf Möglichkeiten der Einschätzung der postgenetischen Geschichte, des Formationsalters, des Kompaktionsgrads und der Permeabilität sowie auf die Korrelation und die Anfertigung von Struktur-, Lithofazies- und Isopachenkarten. Ausdrücklich weist der Autor darauf hin, daß das Studium und die kartenmäßige Darstellung der internen Gesteinsbeschaffenheit (Textur, Permeabilität, Schichtwassermineralisation, Heterogenitätsgrad, chemischer bzw. mineralischer Aufbau) für den Erfolg der Erdöl-Erdgas-Erkundung ebenso wichtig sein können wie die übliche Kartierung der Gesteinstypen und ihrer Mächtigkeit.

Der Aufsatz enthält Ungereimtheiten insofern, als vergleichsweise fern liegende Möglichkeiten z. T. stark betont werden, andere (und darunter bewährte) dagegen kurz oder gar nicht erwähnt sind, was insbesondere für alle sowjetischen Arbeiten — besonders diejenigen von ITENBERG — auf diesem Gebiet zutrifft. Insgesamt liegt hiermit jedoch zweifellos ein bemerkenswerter Versuch vor, bisher ungenutzte Informationsmöglichkeiten für die erdölgeologische Erkundung zu erschließen. K. LEHNERT

Literaturhinweise und Neuerscheinungen

KLUSCHIN, I. G.

Die komplexe Anwendung geophysikalischer Methoden für die Lösung geologischer Aufgaben

Verl. Nedra, Moskau 1968. — 310 S., 138 Abb., 6 S. Lit.

KOSSYGIN, J. A.

Tektonik

Verl. Nedra, Moskau 1969. — 616 S., 98 Abb., 12 Tab.

LARINOW, W. W.

Bohrlochradiometrie

Verl. Nedra, Moskau 1969. — 326 S., 127 Abb., 15. Tab., 67 Lit.

LEGRAND, R.

Le massif du Brabant

Service Geol. Belg., Brüssel 1968. — 148 S., 5 Taf., 85 Lit. (Memoire No 9)

LOSEW, H. F.

Die quantitative Röntgenspektralfluoreszenzanalyse

Verl. Nauka, Moskau 1969. — 336 S., 119 Abb., 83 Tab., 254 Lit.

...

Mechanismus und Kinetik der Kristallisation

Verl. Nauka i technika, Minsk 1969. — 523 S., getr. Abb., Tab., Lit.

MEUCHE, H.-F.

Organisation und Aufbau komplexer automativer Informationsverarbeitungssysteme

VEB Verl. Technik, Berlin 1970. — 76 S., 37 Abb., 12 Taf., 43 Lit. (Reihe Automatisierungstechnik 99)

...

Mineralogischer Sammelband

Verl. Lwowsk. uniw., Lwow 1969. — 228 S., Abb.

NERUTSCHEW, S. G.

Die erdölproduzierenden Schichten und die Migration des Erdöls

Verl. Nedra, Leningrad 1969. — 240 S., 68 Abb., 15 Tab., 97 Lit.

PIWINSKI, Ju.-E.

Deutsch-russisches Wörterbuch der Chemie und Technologie der Silikate

Verl. Sowetskaja enziklopedija, Moskau 1969. — 493 S.

POLJAKOW, A. S.

Methodischer Leitfaden der Elektroprofilierung

Verl. Nedra, Leningrad 1969. — 200 S., 116 Abb., 5 Tab., 60 Lit.

REINER, M.

Rheologie in elementarer Darstellung

Fachbuchverl., Leipzig 1969. — 360 S., 125 Abb., 21 Tab., 6 S. Lit.

SCHPINEL, W. S.

Gammastrahlenresonanz in Kristallen

Verl. Nauka, Moskau 1969. — 408 S., 118 Abb., 3 Tab.

SCHUSTIN, B. G.

Tabellen der horizontalen und vertikalen Projektionen für die Berechnung von Bohrlochabweichungen

Verl. Nedra, Moskau 1970. — 184 S.

SHISHTSCHENKO, B. G.

Stratigraphische Untersuchungsmethoden in erdöl-erdgasführenden Gebieten

Verl. Nedra, Moskau 1969. — 372 S., 119 Abb., 10 Tab., 131 Lit.

Informationen

Aus der sowjetischen Bergbauwirtschaft

1975 sollen die sowjetischen Steinkohlenreviere von Karaganda und Kusnezk sowie die Braunkohlengruben von Ekibas-Tus insgesamt 228 Mill. t Kohle liefern. Bis 1980 ist eine Steigerung auf 300 Mill. t Kohle vorgesehen. Damit entwickeln sich diese Reviere zu den mächtigsten Kohleförderzentren der UdSSR.

Die Vorräte der Kokskohlenlagerstätten von Jakutsk im Fernen Osten werden mit rd. 1 Mrd. t angegeben. Es handelt sich dabei um Kohle von bester Qualität. Nachdem sich japanische Wirtschaftskreise an diesem Rohstoff interessiert gezeigt hatten, wurde eine gemischte Expertenkommission zusammengestellt, um eine Durchführbarkeitsstudie zum Aufschluß und zur Gewinnung dieser Kohle auszuarbeiten.

Im Gebiet von Belgorod wurde in einer Teufe von nur 400 bis 500 m eine Eisenerzlagerstätte festgestellt. Der Fe-Gehalt des Erzes soll 62% betragen. Derzeit wird die industrielle Förderung vorbereitet. Als Endkapazität ist nach anfänglich 4,5 Mill. t Erz eine Produktion von 18,0 Mill. t/a vorgesehen.

Die Manganerzgruben von Tschiatura fördern gegenwärtig mehr als 6 Mill. t/a Erz. Nach Inbetriebnahme einer neuen Erzanreicherungsanlage wird mit einer Produktion von 540000 t/a Manganerzkonzentraten mit einem Mn-Gehalt von 37 bis 38% gerechnet.

Industriell abbauwürdige Glimmerlagerstätten hat man letzthin nordwestlich des Aralsees entdeckt. Die Glimmer besitzen gute, nichtleitende Eigenschaften. Reichhaltige Lagerstätten an Chrom-, Kupfer- und Zinkerzen werden hier bereits unter Tage abgebaut. Auch Gold wird in diesem Revier gewonnen.

Absinken der Erdöl- und Erdgasvorräte in Nordamerika

Der beschleunigte Niedergang des Umfangs der nachgewiesenen Erdöl- und Erdgasvorräte in den USA, über den mehrfach berichtet wurde, hielt auch während des Jahres 1969 an. Dagegen dehnte sich die Größe der kanadischen Vorräte wesentlich aus.

Das American Petroleum Institute berichtet, daß die nachgewiesenen Erdölvorräte der USA 1969 um mehr als 1 Mrd. B oder 3,5% auf 29,6 Mrd. B zurückgegangen sind. Das Abgleiten beschleunigt sich.

1968 betrug die Verminderung 2,1%; 1967 hatte sie nur 0,2% betragen. Die Lagerstätten in den USA enthalten derzeit nur noch 9,3mal soviel Erdöl wie die laufende Jahresförderung. Die Vorräte an Erdgaskondensaten schrumpften sogar auf 5,3%, d. h. auf reichlich 8 Mrd. B. Schon zum zweiten Male bestätigte die American Gas Association ein Sinken der Erdgasvorräte in den USA im abgelaufenen Jahr; diesmal um 4,3% auf $7{,}8 \cdot 10^{12}$ m³.

Entgegen dieser Entwicklung berichtet die Canadian Petroleum Association, daß die nachgewiesenen Erdölvorräte Kanadas 1969 um fast 3% auf 8,6 Mrd. B und die Vorräte an Erdgaskondensaten um nicht weniger als 16% auf 1,9 Mrd. B angestiegen sind. Die vorhandenen und absetzbaren Erdgasvorräte erhöhten sich um 9% auf die Rekordmenge von etwa $1{,}5 \cdot 10^{12}$ m³.

In der kanadischen Erdölwirtschaft herrscht ein gesundes Verhältnis zwischen den nachgewiesenen Vorräten und der laufenden Förderung von 21,9:1.

Untertagespeicherung von Erdöl und Erdgas

Der schnell wachsende Verbrauch von Kohlenwasserstoffen aller Art, die Abhängigkeit vieler Länder von Importen und die Absicherung des Spitzenbedarfs an Gas erzwingen die Anlage von unterirdischen Großraumlagermöglichkeiten. Dabei handelt es sich hauptsächlich um Kavernen- und Porenspeicher.

In der ganzen Welt, hauptsächlich in den USA, gibt es heute bereits 650 unterirdische Kavernen, von denen allein 550 in Salzlagern ausgelaugt worden sind. In Europa sind bis jetzt 50 unterirdische Hohlräume in 100 bis 1800 m Tiefe in Betrieb, deren Volumina zwischen 5000 und 200000 m³ variieren. 1980 wird es in Europa wahrscheinlich schon 280 Kavernen geben, davon 150 in Westdeutschland. Der bedeutendste europäische Untertagespeicher mit 90 Kavernen wird in Manosque in Südfrankreich ausgespült. In Westdeutschland sind 18 Kavernen in Wilhelmshaven-Rüstringen und 12 in Hamburg-Sottorf entweder schon fertiggestellt oder noch im Ausbau. Weitere Kavernen werden in Lesum bei Bremen und in anderen Salzstöcken eingerichtet.

Für die Einlagerung von Erdgas verfügt Westeuropa gegenwärtig über 15 und Osteuropa über 6 unterirdische Großspeicher. In den USA sind es bereits 315. Die in Westdeutschland angelegten sechs Porenspeicher für Gas fassen im Durchschnitt etwa 400 Mill. Nm³ Gas. Die Kosten eines Untertagespeichers für Gas mit einem Volumen von 200 Mill. m³ entsprechen etwa denen einer Gaspipeline von 150 bis 250 km Länge. In der Nähe von Stuttgart soll ein interessantes Projekt für die unterirdische Einlagerung von tiefgekühltem, verflüssigtem Methangas verwirklicht werden.

Erzbergbau in Jugoslawien

Jugoslawien ist heute eines der wichtigsten Förderländer Europas für Blei- und Zink- sowie Kupfer- und Quecksilbererze. Für die Versorgung des Landes sind von Bedeutung die Bauxitlagerstätten der Dinariden und die Eisenerzlagerstätten in den Gebieten Vares, Sana und Westmazedonien. Folgende durchschnittlichen Prozentgehalte und Vorräte der jugoslawischen Lagerstätten sind bestätigt:

Kupfer	0,8%	400 Mill. t
Blei und Zink	4,6% Pb, 4,6% Zn	100 Mill. t
Bauxit	55% Al_2O_3	200 Mill. t
Eisen	36%	650 Mill. t

Die Modernisierung des Bergbaus in Jugoslawien hat zu Produktivitätsziffern geführt, die mit entsprechenden Zahlen entwickelter Bergbauländer vergleichbar sind. Führend sind die Kupferbergwerke Bor und Majdanpek sowie die Eisenerzgrube Ljubija. Optimale Betriebsbedingungen sind hier durch die Zusammenfassung in größere Kombinate geschaffen worden.

Mit Ausnahme der Bauxitförderung werden alle Erze und Konzentrate in heimischen Betrieben weiterverarbeitet. Man ist bestrebt, durch die Anwendung neuer Technologien auch Nebenmineralien zu gewinnen, wie beispielsweise Molybdän, Germanium und Rhenium aus Kupfererzen und Wismut, Kadmium, Silber, Gold, Schwefel- und Magnetkies aus Blei- und Zinkerzen.

Edelmetalle in der VR Bulgarien

Im Perspektivzeitraum 1971 bis 1975 wird sich die Erkundung von primären Golderzen auf den Bereich von Govedza, Jetropole und Pirin konzentrieren, wo 60% aller Vorräte nachgewiesen werden sollen. Die Seifen der Struma werden zum Abbau vorbereitet. Die Seifen bei Sredogore und des Flusses Mesta sollen auf Nutzungsmöglichkeiten untersucht werden. In den Rhodopen sind Wolfram- und Molybdänerkundungen vorgesehen, in den Ostrhodopen wird nach Chromerzen gesucht.

Zinn und Beryllium in Alaska

In den York Mountains, am Rand der Halbinsel Seward, in Alaska, ist eine neue Lagerstätte mit beachtenswerten Zinn- und Berylliumkonzentrationen entdeckt worden. Sie steht in Zusammenhang mit Kalken, die von Gabbrointrusionen durchsetzt werden. Des weiteren wurde auch Biotitgranit in der näheren Umgebung angetroffen. Eine genaue Klärung der genetischen Verhältnisse steht noch aus. Der geochemische Zyklus Sn, Be, W, Li, Cu, Pb, Zn und Nb läßt eine Zugehörigkeit dieser Elemente zu dem Granitkomplex erkennen. Von dort her scheinen sie in die Kontaktzonen und in das Nebengestein migriert zu sein, wo sie sich in industriell verwertbaren Mengen anreicherten.

NE-Metallerzbergbau in der VR Polen

Im Jahre 1930 wurden die Vorräte an Zinkblende, Wurzit, Bleiglanz, Zinkspat und Cerussit im Raum von Kraków auf 20 Mill. t Erz mit 6% Zn geschätzt.
Durch umfangreiche Erkundungsarbeiten, die während der letzten 25 Jahre in diesem Gebiet durchgeführt wurden, konnten weitere 10 Mill. t Erz festgestellt werden, vor allem im Gebiet von Chrzanow—Olkusz—Zawiercie.
Damit hat die VR Polen die größten Zinkvorräte in Europa und nimmt in der Weltrangliste den sechsten Platz ein.

Carthage Trend — eine neue Zinklagerstätte in Tennessee

In der Nähe von Carthage in Tennessee wurde eine Zinklagerstätte entdeckt, die als ein besonders großes Ereignis bezeichnet wird.
Durch Bohrungen hat man 13 bis 50 Mill. t Erz mit einem Zn-Gehalt von 5 bis 10% in einem Bereich von etwa 12 km² erfaßt. Fünf weitere Vorkommen wurden ebenfalls nachgewiesen. In der gering einfallenden Hauptlagerstätte, die in einer Teufe von 300 bis 600 m liegt, ist es nach den bisherigen Erkenntnissen möglich, kostengünstig den Kammer-Pfeiler-Bau mit gleislosen Fahrzeugen anzuwenden. Mit dem Schachtabteufen wurde bereits 1969 begonnen.

Prognose des Weltkupferverbrauchs

Nach eingehenden Untersuchungen des Westberliner Instituts für Marktforschung ist in den nächsten Jahren mit folgenden Kennziffern für den Verbrauch von Kupfer im Weltmaßstab (in Millionen t) zu rechnen:

Land	1968	1976	1980	1985
Weltverbrauch	6,4	8,8	10,9	13,6
davon Westdeutschland	0,6	0,8	0,9	1,1
davon Japan	0,7	1,2	1,7	2,3
davon USA	1,7	2,2	2,8	3,4

Eisenerz in Europa

Fachkreise schätzen bei einer Vorschau auf das Jahr 1975, daß weniger als die Hälfte des europäischen Bedarfs an Eisenerz — ohne die UdSSR — , gemessen am Eisengehalt (194 Mill. t Fe von 297 Mill. t Erz), aus europäischen Gruben gedeckt werden kann. Dabei wird das Ausmaß der Produktion, die aus europäischen Lagerstätten aufgebracht werden kann, mit 153 Mill. t Erz beziffert. Darin sind 96 Mill. t Erz mit einem Phosphorgehalt von über 0,2% P enthalten.

Aus der kanadischen Bergbauproduktion

Die kanadische Kaliproduktion erreichte 1969 mit insgesamt 3,1 Mill. t ihren bisherigen Höchststand. Die Produktion wurde von sieben Kalibergwerken erbracht. Ab Ende 1970 begann auch die Grube Rodanville mit der Produktion. Zusätzlich werden in Kürze weitere zwei Bergwerke auf Kali den Betrieb aufnehmen, so daß alsbald mit einer beachtlichen Steigerung der Kaliförderung gerechnet werden kann. Um die Preise zu halten, erging von der Provinzregierung Saskatchewan die Anweisung, die vorhandenen Kapazitäten höchstens zu 60% zu nutzen.
Die Nickelproduktion Kanadas, die 1968 noch eine Gesamtleistung von 266000 t aufwies, ist infolge interner Schwierigkeiten 1969 auf 220000 t abgesunken. Da für die nächsten Jahre im Weltmaßstab mit einer Steigerung im Nickelverbrauch um 6 bis 7% gerechnet wird, ist auch ein neuerliches Ansteigen der kanadischen Produktion zu erwarten. Mit dem Inbetriebsetzen von zwei weiteren Nickelgruben kann 1972 eine Gesamtproduktion von 400000 t pro Jahr erwartet werden.
Metalle der Platingruppe fallen bei der Nickelproduktion an. Ihre Produktion sank in den vergangenen Jahren proportional mit dem Rückgang der letzteren. Mit einer erneuten Steigerung der Nickelgewinnung wird sich auch der Anfall der Metalle der Platingruppe vergrößern. Nach der UdSSR und Südafrika nimmt Kanada in der Weltproduktion die dritte Stelle ein und wird sie auf absehbare Zeit auch halten können.

Aus der Bergwirtschaft Kolumbiens

Die Bergwirtschaft Kolumbiens zeigt derzeit infolge nachhaltiger Unterstützung durch die Regierung eine beachtenswerte Entwicklung.
An der Spitze der Produktion steht seit langem Erdöl. Die Basis der Förderung mit 55% bringen zwar die bereits seit 20 Jahren produzierenden Felder, aber durch die Entdeckung neuer Lagerstätten im NE des Landes konnte die Gewinnung auf über 73 Mill. B/a gesteigert werden. Allerdings bringen die nur schleppend fortschreitenden Erkundungsarbeiten die Gefahr eines Rückgangs mit sich.
Mit einer Gesamtkohlenförderung von über 3 Mill. t/a und mit Vorräten, die auf insgesamt 17 Mrd. t geschätzt werden, liegt Kolumbien an erster Stelle in Lateinamerika. Abgebaut werden Lignit, Glanzkohle, Fettkohle und Anthrazit in den Bergbaugebieten von Boyacá, Bogotá, Medellin und Cali. Die Kohlen gehören geologisch der Oberkreide und dem Tertiär an. Sie setzten sich in Mulden ab. Ihr unterschiedlicher Inkohlungsgrad entspricht neben dem geologischen Alter der verschiedenartigen und verschieden intensiven tektonischen Beanspruchung. Die Heizwerte liegen zwischen 4000 und 8000 kcal/kg. Von den Gesamtvorräten sollen 30% verkokbare Kohlen sein. Die neueste Entwicklung ist durch die Inbetriebnahme des Cararegafeldes (nahe Cartagena) mit hochwertigem Anthrazit und durch die Vorbereitung zur Produktionsaufnahme in der Lagerstätte bei Guajira gekennzeichnet.
Eisenerzbergbau wird z. Z. etwa 250 km von Bogotá betrieben. Hier werden oolithische Eisenerze abgebaut, die in Schichten von 2 bis 6 m Mächtigkeit anstehen. Sie führen im Durchschnitt 48% Fe, 11% SiO_2 und 1% P. Die Produktion beläuft sich im Augenblick auf 3200 t/d.
Gold wird in zwei Typen von Lagerstätten gewonnen. Ein Gangerzbergbau geht in den nördlichen Ausläufern der Mittelkordillere um. Das Gebirge besteht aus schiefrigen Gesteinen der Präkreide und ist stark gestört. Die Gänge und das Erz sind hydrothermalen Ursprungs. Die Gangmächtigkeit beträgt 0,05 bis 2,5 m. Als Begleitminerale treten Pyrit, Zinkblende, Bleiglanz und Quarz auf. Die Mineralproduktion beläuft sich derzeit etwa auf 200000 t mit einem Goldgehalt von 14 g/t.
Goldseifen werden in der Nordwestregion des Landes, im Gebiet der Flüsse Atrato, San Juan und Nechi, ferner im äußersten SW am Rio Telembi in größerem Umfang abgebaut. Der Goldgehalt der Seifen schwankt zwischen 0,15 bis 0,3 g/m³, dazu 0 bis 0,05 g/m³ Platin und 0 bis 0,02 g/m³ Silber. Von der Gesamtgoldproduktion entfallen rund 75% auf Seifengold.
Neu in der Bergbauproduktion des Landes ist das Bestreben zur Gewinnung von Nickel. Im N Kolumbiens, im Grenzgebiet der Provinzen Córdoba und Bolivar, wurde eine Nickellagerstätte geologisch erkundet, die zu den größten von ganz Lateinamerika zählen soll. Mit dem Abbau soll 1972 begonnen werden. Das erste Objekt wird die Lagerstätte von Cerro Matosa sein, innerhalb eines 500 ha großen Gebiets im Montelibano. Man rechnet mit einer Jahresförderung von 37,5 lbs Nickel. Die Lebensdauer wird mit 25 Jahren angegeben. Weitere Einzelheiten über den geologischen Bau der Lagerstätte stehen noch aus.
Die zwei auf Smaragd arbeitenden Minen — Kolumbien ist seit altersher für seine Smaragde bekannt — liegen etwa 100 km nördlich von Bogotá. Die Smaragde lagern in Gängen, die neben Kalk auch Feldspat, Pyrit und Flußspat enthalten. Die Gänge durchsetzen schwarze Schiefer der Unterkreide. Die gewonnenen Edelsteine sind zwar von besonders hoher Reinheit und Qualität, die Gesamtproduktion hat aber, im Landesmaßstab gesehen, nur untergeordnete Bedeutung. Jährlich werden ca. 50000 bis 60000 Karat schleifwürdige und über 100000 Karat Ausschußsmaragde gewonnen.

Wissenschaftszentrum „Ferner Osten“

In der Zeit nach dem 2. Weltkrieg erregten Sibirien und der Ferne Osten in stets wachsendem Maße die Aufmerksamkeit der Wirtschaft und der Wissenschaft in der UdSSR.

Ehemals kleine Provinzstädtchen wie Nowosibirsk, Barnaul, Kemerowo, Irkutsk, Charabowsk, Krasnojarsk und Wladiwostok wuchsen zusehends zu großen Industriezentren an. Mit dieser Entwicklung hielt die „Produktivkraft Wissenschaft" Schritt. Bereits 1957 wurde von der Akademie der Wissenschaften der UdSSR eine Sibirische Abteilung geschaffen, die die Leitung der wissenschaftlichen Einrichtungen der Akademie in Sibirien und dem Fernen Osten übernahm. Jetzt sind in allen Unterabteilungen der Sibirischen Abteilung insges. 24 Akademiemitglieder, 51 korrespondierende Mitglieder, mehr als 2000 Doktoren und Kandidaten der Wissenschaften mit etwa 24000 Mitarbeitern tätig.

Im Rahmen dieser Arbeiten nehmen die geologisch-mineralogischen Wissenschaften einen bedeutenden Platz ein. Innerhalb eines Gebiets von rund 13 Mill. km² wurde ein weites Netz geologischer Einrichtungen aufgebaut. Einen bedeutenden Beitrag zur Entwicklung der Paläontologie und der Stratigraphie leisteten dabei die Akademiemitglieder B. S. SOKOLOW und W. N. SAKS mit ihren Arbeitsgruppen. Die Tektonische Schule, geleitet von Akademiemitglied J. A. KOSSYGIN, erarbeitete das Fundament der historischen Paläotektonik.

Von dem Akademiemitglied J. A. KUSNEZOW stammt eine vergleichende Charakteristik magmatischer Formationen mit einer genetischen Klassifizierung. Die erkannten Gesetzmäßigkeiten erlauben das Aufstellen von Prognosen für die Suche nach Eisen, Polymetallen und seltenen Metallen. Unschätzbare Beiträge stammen aus den Arbeiten der Geologen, die auf dem Sektor der Erdöl-Erdgas-Suche und -Erkundung arbeiteten. Eine komplexe Erforschung der Vorräte an unterirdischen Thermalwässern auf der Halbinsel Kamtschatka durch eine Forschergruppe am Institut für Vulkanforschung ermöglichte den Bau der ersten sowjetischen geothermischen Kraftanlagen.

Bemerkenswerte kosmische Energien

Die moderne Entwicklung der Geowissenschaften zeichnet sich dadurch aus, daß sie in verstärktem Maße Kenntnisse aus dem Bereich des Kosmos in ihren auf die Erde bezogenen Forschungen mit berücksichtigt. In dieser Hinsicht sind drei neuere fundamentale Entdeckungen der Astrophysik von Bedeutung: die Energieerzeugung im Innern der Fixsterne, also auch der Sonne, durch thermonukleare Fusion; die kosmische Ultrastrahlung und die Expansion des Universums mit einer Geschwindigkeit von 260000 km in der Sekunde.

In den sechziger Jahren wurden zwei bisher unbekannte Arten von Himmelskörpern entdeckt, die Quasare und die Pulsare.

Quasare sind die leuchtkräftigsten Objekte, die man bisher kennt. Die Strahlungsleistung eines einzelnen Quasars kommt der Leistung von mehreren Billionen Sonnen gleich. Daher kann man sie selbst auf eine Entfernung von fast 10 Mrd. Lichtjahre noch erkennen und beobachten. Die Art ihrer Energieerzeugung ist noch ungeklärt. Sie kann kaum auf dem Wege eines uns bekannten physikalischen Prozesses erfolgen.

Pulsare wurden erstmals 1967 entdeckt. Sie zeichnen sich durch regelmäßig wiederkehrende Radioimpulse aus. Sie sind selbstleuchtende Himmelskörper, die nur einen Durchmesser von 20 bis 50 km haben. Ihre Energieabgabe allerdings erreicht den 100000fachen Wert der Sonnenstrahlung. Inzwischen sind 49 solcher Körper entdeckt worden, die als Erzeuger der aus hochenergetischen Elektronen und Protonen bestehenden kosmischen Strahlung angesprochen werden. Verblüffend ist ihre extreme Dichte. 1 cm³ ihrer Materie wiegt 200 Mrd. kg. Das Innere der Pulsare besteht aus zusammengepreßten Neutronen; sie stellen damit ein einzelnes Superatom dar.

Kurznachrichten

Die **UdSSR** beabsichtigt, ihre **Erdgasproduktion** bis 1980 auf 550 bis 600 Mrd. m³/a zu steigern. Die Exporte nach Westeuropa erhöhen sich dabei bis 1975 auf 13 Mrd. m³, bis 1980 auf 15 Mrd. m³.

Die **Ungarische VR** hat den Bau von zwei **Erdölpipelines** zur UdSSR hin in Angriff genommen. Die eine, „Freundschaft I", steht bereits kurz vor der Vollendung. Die zweite wird 1972 in Betrieb genommen. Von diesem Zeitpunkt ab sollen 10 Mill. t Erdöl pro Jahr der Ungarischen VR zufließen.

Im Bereich der bekannten **Ölschieferlagerstätten** in der **Estnischen SSR** entsteht demnächst der größte Bergbaukomplex Europas. Hier sollen jährlich neun Mill. t Schiefer verarbeitet werden. Dieser Betrieb wird die neuesten Systeme für den mechanischen Abbau und die Verarbeitung aufweisen.

Die Förderung der **westdeutschen Erdöllagerstätte** im Dogger beta, Plön-Ost, sank so schnell ab, daß man mit einer Entölung von nur 4% rechnen mußte. Durch Wasserfluten konnte eine Steigerung des Entölungsgrads auf 41% erzielt werden.

In Hüntel am Dortmund-Ems-Kanal, unweit Meppen, soll auf der Energiebasis **Erdgas** ein **Elektrizitätswerk** errichtet werden. 1974 wird voraussichtlich diese Anlage mit einer Leistung von 600 MW in Betrieb genommen werden. Das Erdgas wird aus Holland geliefert.

Die Zeche Lupeni der **SR Rumänien** soll im Laufe dieses Jahres 1,8 Mill. t **Steinkohle** produzieren. Das sind 50000 t mehr als 1970. Bis 1975 ist eine weitere Steigerung auf 2,1 Mill. t/a vorgesehen.

Die **Torflagerstätten** von Swity und Sharkowski, in der **UdSSR**, im Gebiet von Smolensk, mit 150 Mill. t bestätigter Vorräte erstrecken sich über viele Kilometer hin. Auf der Basis dieser Rohstoffe wurde der Bau eines 600-MW-Elektrizitätswerks begonnen.

Die gegenwärtige **Weltproduktion an Uran** beläuft sich auf 23500 t/a. Nach Angaben der Internationalen Atomkommission wird sie sich, um den Anforderungen gerecht werden zu können, bis 1973/74 auf 38000 t/a steigern müssen.

Mit Anfang des Jahres 1971 steht die **UdSSR an erster Stelle in der Welt** bei der Förderung von Eisenerz, Kohle, Manganerz und Zement; an zweiter Stelle in der Welt bei der Erdölförderung, Stahlproduktion und Elektroenergieerzeugung.

Die **Kupferlagerstätten** von Pikwe und Selibe in **Botswana** enthalten 32 Mill. sh. t nachgewiesene und 10 Mill. sh. t mögliche Vorräte an Kupfererz. Der Kupfergehalt wird mit 1,16% bzw. 1,57%, der Nickelgehalt mit 0,66% bzw. 1,49% angegeben.

Das modernste **Blei-Zink-Bergwerk der VR Polen**, gleichzeitig eines der größten überhaupt, das von Dabrowka, hat im Erzbecken von Bytom mit der Förderung begonnen. Dieses neue Bergwerk ist schon der fünfte Förderbetrieb des Bergbau-Hüttenkombinats „Orzel Bialy".

In der **VR Bulgarien** werden nach der Fertigstellung des **Buntmetallkombinats** von Plowdiw jährlich 94000 t Blei und 73000 t Zink gewonnen. Die angestrebte Reinheit der Metalle wird mit 99,97% für Blei und 98% für Zink angegeben.

Zwei große neue **Bauxitlagerstätten** wurden nahe der **Kursker Magnetanomalie** festgestellt. Die Lagerstätten liegen bei Wislowsk und haben eine Mächtigkeit von 2 bis 22 m. Der Bauxit enthält 48% Al_2O_3, 24% Fe_2O_3, 7,9% SiO_2 und geringe Mengen von Titanoxid.

Zur Absicherung des volkswirtschaftlichen Bedarfs an **Ziegelsteinen** für Industriebauten entsteht derzeit bei Hainichen in der **DDR** das größte und modernste Ziegelkombinat der Republik. Es wird eine Jahresproduktion von 70 Mill. Stück erwartet, das sind mehr Ziegel, als gegenwärtig im gesamten Bezirk Karl-Marx-Stadt erzeugt werden.

Mit dem Bau der ersten drei von insgesamt 22 **Wasserkraftwerken** der **SR Rumänien** wurde Ende 1970 am unteren und mittleren Oltul begonnen. Die Gesamtleistung dieser drei Werke liegt bei 1000 MW. Sie werden zwischen 1973 und 1975 in Betrieb genommen.

Ein neues **Meteoritenmineral**, in Graphiteinschlüssen von Eisenmeteoriten gefunden, hat den Namen **Krinovit** erhalten. Es hat die chemische Formel $Na\ Mg_2\ Cr\ Si_3O_{10}$. Versuche, es bei hohen Drücken und Temperaturen zu synthetisieren, blieben erfolglos.

In den nächsten Heften

der

Zeitschrift für angewandte Geologie

erscheinen u. a. folgende Beiträge

W. FISCHER, I. MAASS, G. SCHLUNGBAUM & E. SONTAG: $^{12}C/^{13}C$-Verhältnis und chemische Zusammensetzung von Xyliten

W. MEINCKE: Möglichkeiten der Speicherung von verflüssigtem Erdgas

A. W. SIDORENKO: Geomorphologie und Volkswirtschaft. Fragen der praktischen Geomorphologie

K.-P. DOSTAL: Varianten der Präzisionsisotopenanalyse von Gasen mit dem Massenspektrometer M 86

K.-P. DOSTAL: Fehler bei der Präzisionsisotopenanalyse von Gasen

F. REUTER & W. KOCKERT: Zu einigen Fragen des Karstproblems

B. TISSOT: Die Bildung von Kohlenwasserstoffen beim thermischen Zerfall organischer Substanz
Ein Versuch der mathematischen Modellierung des Prozesses mit Hilfe der EDV

A. A. BAKIROW, H. PÄTZ & G. E. RJABUCHIN: IWAN MICHAILOWITSCH GUBKIN
Der Begründer der sowjetischen Erdölgeologie

G. OLSZAK & G. PESCHEL: Zur Anwendung der Korrelationsanalyse bei der Komplexinterpretation

G. JANKOWSKI & G. MEYER: Die Kontrolle der Erzverdünnung im Kupferschieferbergbau

S. FÖRSTER & W. HAUENHERM: Permeabilitätsmessungen an Gesteinsproben niedriger Durchlässigkeit unter nachgebildetem Überlagerungsdruck

Herausgeber: Zentrales Geologisches Institut im Auftrag des Staatssekretariats für Geologie beim Ministerrat der Deutschen Demokratischen Republik. Für die kollektive Chefredaktion: Dr. K. KAUTER (Redaktionssekretär), Berlin. Redaktion: 1054 Berlin, Zionskirchstraße 34 (Fernsprecher 426001). Verlag: Akademie-Verlag GmbH, 108 Berlin, Leipziger Straße 3–4 (Fernsprecher 220441, Telex 0112020, Postscheckkonto: Berlin 35021). Bestellnummer des Heftes 1047/17/6. Alleinige Anzeigenannahme DEWAG-WERBUNG, 102 Berlin, Rosenthaler Str. 28–31, und alle DEWAG-Betriebe in den Bezirksstädten der DDR. Exportpreis: M 6,–, Sonderpreis für die DDR: M 2,– je Heft. – Satz und Druck: VEB Druckhaus „Maxim Gorki", 74 Altenburg. Veröffentlicht unter der Lizenznummer 1279 des Presseamtes beim Vorsitzenden des Ministerrates der Deutschen Demokratischen Republik, Kartengenehmigung Nr. P 415/71

ABHANDLUNGEN

des Zentralen Geologischen Instituts

Bisher erschienen

D. FRANKE

Stratigraphisches Korrelationsschema für das Silur der Deutschen Demokratischen Republik und angrenzender Gebiete

1964 – 36 Seiten – Anlageband mit 6 Tabellen – Halbleinen 10,– M

Heft 1

10 Jahre Paläontologie. Bericht über das Jubiläums-Kolloquium des Bereiches Paläontologie im Zentralen Geologischen Institut

1965 – 313 Seiten – 12 Abbildungen – 8 Tabellen – 24 Bildtafeln – Halbleinen 15,– M

Heft 2

H. KADO, F. REUTER, G. BACHMANN

Die ingenieurgeologischen Eigenschaften der wichtigsten Lockergesteine der DDR unter Berücksichtigung ihrer Genese und physikalischen Kennzahlen

1966 – 134 Seiten – 107 Abbildungen – 15 Tabellen – Anlageband – Halbleinen 15,– M

Heft 3

Kolloquium aus Anlaß des 15jährigen Bestehens der Arbeitsgruppen Ingenieurgeologie am 20. und 21. Mai 1965 in Berlin

1965 – 97 Seiten – 2 Karten – 22 Abbildungen – 6 Tabellen – Halbleinen 15,– M

Heft 4

D. RAU

Untersuchungen zur Morphologie und Genese der Lößböden im Thüringer Becken

1965 – 71 Seiten – 12 Abbildungen – 14 Tabellen – Halbleinen 10,– M

Heft 5

I. DIENER

Stratigraphisches Korrelationsschema für die Kreide der Deutschen Demokratischen Republik und angrenzender Gebiete

1966 – 137 Seiten – 6 Abbildungen – 3 Text-Tabellen – 12 Anlagen-Tabellen – Halbleinen 15,– M

Heft 6

H. PFEIFFER

Stratigraphisches Korrelationsschema für das Devon der Deutschen Demokratischen Republik und angrenzender Gebiete

1967 – X und 74 Seiten – 1 Abbildung – 4 Text-Tabellen – 5 Anlagen-Tabellen – 1 mehrfarbiges Profil – Halbleinen 15,– M

Heft 8

H. DÖRING, W. KRUTZSCH, D. H. MAI, E. SCHULZ

Erläuterungen zu den sporenstratigraphischen Tabellen vom Zechstein bis zum Oligozän

1966 – 149 Seiten – 8 Anlagen-Tabellen – Halbleinen 15,– M

Heft 9

Instruktion für die Anfertigung einheitlicher ingenieurgeologischer Grundkarten

1967 – VIII und 35 Seiten – Farb- und Zeichenerklärung – 9 Anlagen – Halbleinen 15,– M

Heft 10

Klimaänderungen im Tertiär aus paläobotanischer Sicht

1967 – LII und 228 Seiten – 28 Abbildungen – 11 Bildtafeln – Halbleinen 30,– M

Heft 11

H. KÄSTNER

Zur Geologie der Kalisalz- und Kohlensäurelagerstätten im südlichen Werra-Kaligebiet

1969 – XI und 96 Seiten – 23 Abbildungen – 2 Tabellen – Halbleinen 25,– M

Heft 13

P. PUFF

Über den Unteren Buntsandstein am Südrand des Thüringer Beckens

1969 – VII und 97 Seiten – 25 Abbildungen – 13 Tabellen – Halbleinen 25,– M

Heft 14

Autorenkollektiv

Engineering-Geological Mapping in the Countries of the Council of Mutual Economic Aid

1968 – X und 148 Seiten – 28 Abbildungen – 6 Tabellen – 10 Anlagen – Halbleinen 30,– M

Heft 16

H. LANGE, C. SCHRÖTER

Bibliographie der geologischen Wissenschaften für die Deutsche Demokratische Republik, Veröffentlichungen des Jahres 1967

1969 – 279 Seiten – Halbleinen 40,– M

Heft 18

Sporenpaläontologischer Sammelband

1971 – XXXI und 224 Seiten – 36 Abbildungen – 3 Tabellen – 43 Bildtafeln – Halbleinen 60,– M

Heft 20

H. LANGE, C. SCHRÖTER

Bibliographie der geologischen Wissenschaften für die Deutsche Demokratische Republik, Veröffentlichungen des Jahres 1968

1970 – 305 Seiten – Halbleinen 40,– M

In Vorbereitung befinden sich

Heft 15

H. PFEIFFER

Stratigraphisches Korrelationsschema für das Dinant der Deutschen Demokratischen Republik

Heft 17

C. ADAM

Beiträge zur Kenntnis der Kaoline und Tertiärtone in Nordostsachsen

Heft 19

P. KRÜGER

Die Verteilung der Schwefelisotope in sedimentären Eisensulfiden unter Berücksichtigung der Redoxbeziehungen im Bildungsraum

Heft 21

H. WIEFEL

Die geologische Entwicklung der Lahn-Dill-Erzlagerstätte Görkwitz bei Schleiz (Oberdevon und tiefes Dinant, Thüringisches Schiefergebirge)

Bestellungen nimmt die Vertriebsstelle des Zentralen Geologischen Instituts, 104 Berlin, Invalidenstraße 44, entgegen.

Bei Fragen zur Produktsicherheit wenden Sie sich bitte an:
If you have any questions regarding product safety,
please contact:

Walter de Gruyter GmbH
Genthiner Straße 13
10785 Berlin
productsafety@degruyterbrill.com